高效判斷的框架

打破慣性、跳脫本能反應、辨別雜訊、
審視情緒與信念，選擇不猶豫、決策不憂懼

Delivery

Choice

Feelings+beliefs

Awareness　　Knowledge+experience　　Trust

JUDGEMENT AT WORK　Making Better Choices

倫敦商學院前院長 **安德魯・黎可曼** Andrew Likierman 著
張芷盈 譯

獻給倫敦商學院的教職員、畢業生、
學生及商學院的好朋友——
你們讓倫敦商學院成為如此美好的工作環境。

目次

推薦序　用框架提升判斷力，讓選擇更高效　劉奕酉　　7
前　言　提升判斷力，做出更好的選擇！　　11

第一部
判斷的基本

01 什麼是判斷，如何運用？　　20
02 判斷與決策　　35
03 判斷與成功　　47

第二部
判斷框架六要素

04 知識與經驗　　61
05 覺察　　74
06 信任　　89
07 感受與信念　　105
08 選擇　　125
09 執行　　142

第三部
影響判斷的因子

10 風險 156

11 速度 166

12 直覺、憑感覺、本能反應 182

13 多元性觀點 191

14 團體動力 196

第四部
實務應用範例

15 領導力與判斷 202

16 專業與判斷 208

17 董事會的判斷 215

18 人才選任的判斷 224

19 企業家與新創公司的判斷 235

20 公營與非營利組織的判斷 243

21 首次專案的判斷 249

第五部
要點全覽

如何將想法付諸實踐	258
判斷力常見十大問答	267
測試你的偏見	274
不同國家看待判斷的差異	277

第六部
延伸閱讀

更多參考資源	284
致　　謝	289
注　　釋	291

推薦序

用框架提升判斷力，讓選擇更高效

劉奕酉

「如果你不能百分之百確定，為什麼還要做這個決定？」

一次企業內訓中有學員這樣問我。我笑著回答：「因為在商業世界裡，幾乎沒有一百分確定的時候。」

在不確定中做選擇，是我們的日常工作；而做出值得信任的選擇，就是判斷力。

在翻開這本《高效判斷的框架》之前，我想先提醒你：這不是一本教你如何做出「正確選擇」的工作書。它沒有標準答案，也不保證你不犯錯。相反地，它強調判斷力是一種在現場中學習、在錯誤中成長的能力。

書中提出六個面向：「知識與經驗、覺察、信任、感受與信念、選擇、執行」構成一套高效判斷的思考框架，並提醒我們判斷力從來不只是靠知識做出來的，而是一種「站在情境中，又能抽離反思」的能力。

那是一種能拉開距離的直覺，也是一種進入現場後仍保有清明的智慧。

知識與經驗，不等於正確答案

我們以為知道得多、經驗夠多，就能判斷得更準確。然而現實常常相反：經驗反而可能讓人掉入熟悉的陷阱。

在組織裡，常聽見「以前這樣做比較安全」，卻忽略了情境早已改變。判斷失誤，不一定因為知道太少，而是沒察覺自己正在重複昨天的答案。

這本書提醒我們：知識與經驗的價值，在於能否持續反思。

真正有力量的判斷不是記住了什麼，而是能看見現在與過去的不同，並願意承認曾經有效的做法，也可能不再適用。

情緒，是你沒說出口的判斷依據

許多人以為，理性判斷應該排除情緒的影響。

但書中提出更成熟的看法：情緒不是障礙，而是線索。

學會傾聽情緒，是判斷成熟的重要一步。每個直覺背後，其實都藏著尚未說出口的情緒邏輯。感到遲疑，也許是因為某個風險還沒被看見；感到不安，也許是因為某個人還未被充分信任。情緒如果被正確理解，反而能讓判斷更清晰。

信任，是力量也是風險

我特別欣賞書中對「信任」的討論。

我們的每一個選擇，其實都在表達對某人、某組織的信任。你選擇相信誰的資料、接納誰的建議，其實是對某些價值的默許。

但信任本身也是一種風險。成熟的判斷，不只問「我該信

誰」，還要問：「我是不是只相信跟我觀點一致的人？」這份自我覺察，能幫助我們跳脫同溫層，在多元觀點中看得更準。

判斷力，就是明確的價值選擇

這本書最動人的地方，是它把「學習」放進判斷力的核心。

工作中沒有完美的決策與判斷，只有能否承擔錯誤、並從錯誤中復原。好的判斷，不是從「做對」開始的，而是從「不逃避錯」開始的。真正被信任的領導者，不是從不失誤，而是能修正、改進、並帶著團隊重新出發。

最後，讀完這本書，我建議你不要只問「我該怎麼做出好的判斷？」更值得深思的是「我的判斷，讓人看見我成為什麼樣的人？」

因為判斷，終究不是技巧問題，而是價值選擇。

願我們都能在自己的工作現場，培養真正高效的判斷力，成為有覺察、有力量的人。

（本文作者為鉑澈行銷顧問策略長）

前言

提升判斷力，做出更好的選擇！

1912 年，鐵達尼號於首航沉船時，為什麼造成這麼多人死亡？我們都知道船撞上了冰山。但撞上後兩個小時船才沉沒。當時海面很平靜，有充足的時間能救所有人。

如果你對這個故事很熟悉，首先想到的可能是大家忽略有冰山的警告，或船開得太快。但這是沉船的原因，不是如此多人死亡的原因。要解釋為什麼如此多人喪命，要回到當初的造船設計會議，白星航運公司的負責人做出了災難性的判斷，決定頭等艙看出去的景色，比在船上配備足夠所有人使用的救生艇還要重要。當然，用不上救生艇 —— 這是一艘不沉之船。這個判斷導致 1,500 人因此喪命。[1]

雖然我們的日常沒有如此戲劇化，但每一天我們的性命都仰賴著其他人的判斷。相較於坐上一台車，我們搭飛機時可能更清楚意識到這件事，但我們會假定機長受過訓練，會做出正確的判斷並載我們安全飛抵目的地。當我們開車上橋的時候也不自覺地仰賴著其他人的判斷，因為我們在啟程時假定工程師在建造這座橋的過程中做出正確的判斷，安全稽查人員也做出正確判斷才讓車輛通行。我們希望生病的時候，醫生會運用其判斷進行診斷，如果問題過於複雜，會將我們轉介給受過訓

練、對問題更瞭解也更有經驗的專家，讓他們判斷該如何處理。對於工程師、安全稽查人員、醫生而言，我們仰賴且信賴他們判斷的品質。

但跟機師、工程師、醫師不一樣的地方是，並沒有稽查人員在日常生活中檢視我們的判斷。我們必須仰賴自己和他人的判斷。我們的日常工作可能不會攸關性命，但判斷的品質對於組織和我們自己的未來都至關重要。本書的其中一位受訪者告訴我說：「我剛到澳洲的高盛工作時，連我在內共有30人新入職，其中一人問道，合夥人先前提到只有兩、三個人能在高盛擁有卓越職涯表現，要怎樣才能成為這樣的兩、三個人？」合夥人回答說：「必須有好的判斷力。」他告訴我，他接下來（極為成功）的職涯都謹記著這段話。

重要的不只是擁有良好的判斷力。當你或其他人欠缺它時也同樣重要。如果你曾經與判斷力不佳的老闆或同事共事過，你就會知道那將是一場怎樣的惡夢。你（和組織的所有其他人）無法仰賴他們做出正確的事或說出正確的話。更糟的是他們會常常做錯事。造成的不只是錯誤，因為錯誤判斷伴隨的不確定性也讓每天的工作變得更加艱鉅。

本書的主題是判斷力，但這不代表我認為管理中只有判斷力才重要。如果講的是領導人特質，通常會搭配其他特點：啟發性、認真投入、足智多謀、努力、想像力、創新性、良好的策略意識等等。判斷力是其中一項特質，很重要但往往被低估，稍後我會再說明原因。

當然，好的判斷力不只對領導者或工作任務才重要。我們的家庭、健康、財務、職涯都仰賴好的判斷能力。因此，雖然本書的重點在職場，書中許多內容也能應用在我們私人生活

中,許多例子也汲取自日常生活。

判斷力:被低估的成功要素

有許多書探討決策的不同面向,以及我們做決策時的思維方式,更多則著重在判斷與後來的決策之間的差異,但卻非常少將重點放在判斷這件事本身。為什麼呢?以下是你之前可能都沒讀過這樣內容的主要原因。

- 你在做選擇時可能都沒意識到自己運用了判斷力。你可能在糊裡糊塗間,希望自己做出了最好的決定。你可能會仰賴一句格言或公式 —— 如果你喜歡冒險可能會選擇「機會只留給勇於冒險的人」;如果你不喜歡冒險,可能會選擇「天使止步之處,愚人倉促而行」這句話。只有當事情出了錯,你才可能注意到判斷的品質,以及善用判斷力能幫助你處於有利的位置。[2]
- 所有人都很難在成功及判斷品質間做出直接的連結,因為判斷視情境而異 —— 也就是當時的狀況。這為什麼那麼重要?2500 年前曾有人說過這樣一句話:「人不會踏進同樣的河流兩次,因為這已不是同一條河流,他也不再是同一個人」。[3]《愛麗絲夢遊仙境》裡的愛麗絲也遇到同樣的主題:「回到昨天沒有用,因為我已經是不同的人了。」[4] 今天做出的正確行動,搬到明天不一定還是對的,因為情況與人都改變了。因此,相較於無論情況如何都能提供解方的管理技巧,討論判斷力這件事就比較不具吸引力。就立即的吸引力而言,這可能是弱點,

但同時也是討論判斷力的優勢。專注於判斷力能幫助我們了解，何時且如何在新的情境中做選擇，以及在過去沒有可類比的狀況下該怎麼辦。

◆ 判斷力橫跨許多不同領域，因此很難在以領域作為區別的期刊中發表這個主題，所以相關的學術研究很少。除此之外，證據太過雜亂，難以搜集，對於那些想找到數據佐證或反駁假說的研究者來說，也不具吸引力。因此，相關學術研究非常少，至少目前如此，而相關的課程更是少見。

◆ 有些人認為不必藉著討論判斷力才能改善表現，只要專注在技能或能力就好。但判斷力和技能或能力並不一樣。一個人可能技巧高超或能力很好，但卻缺乏判斷力。而其他人都因此受害。如果我們的醫生判斷力欠佳，我們可能遭受到實質疼痛的傷害。如果組織或國家的領導者判斷力很差，則可能造成集體傷害。還有另一個更普遍的原因說明為什麼鮮少人討論判斷力，因為我們有時審視自己所做事情的其他面向時，就已經涵蓋良好判斷力的主題了。例如，當我們決定是否雇用某人時，遴選過程中往往會用經驗代替判斷。使用判斷的替代品並不夠好，我們需要特別注意這個主題。

◆ 判斷一詞有其包袱。有些人覺得這個詞彙很枯燥，甚至嚇人，因為判斷一詞也會讓人聯想到被評判。而且很多人，尤其是那些處於權威地位的人，也不想要承認他們的判斷力需要改善，這意味著他們還不夠格做好現有工作。我曾問過一個人，他因為做出此生最錯誤判斷而浪費了幾十億公帑。他回答說自己給過政府首長建議，但

對方拒絕了。注意，他的反應是將自己的誤判迅速轉嫁到其他人身上。
◆ 判斷這件事不常被討論的最後一個原因，是當我告訴別人我的工作和判斷有關時，大家常常給我的回應：「對，對。我知道這很重要，但判斷到底是什麼？這肯定是沒辦法明確定義的。」

我們真的不用接受這樣「沒法明確定義」就置之不理的態度。寫這本書的目的正是因為我們可以釐清判斷是什麼，要如何擁有判斷力，以及如何增進判斷力。辨認出什麼是判斷力是很重要的第一步，如果你找不出來，就不知道要採取什麼行動，很可能會再犯下同樣的錯誤。前面提到，我們在其他面向所做事情或表現紀錄都涵蓋判斷力，關於這點：包括表現紀錄的其他面向的確都是判斷力的一部分。但請記得，其中風險通常很高，需要辨別出什麼是判斷力，而不是其替代品，或只是構成判斷力的其中一部分。

我說風險很高並不誇張。畢竟，判斷力的好壞之分往往是造成一間公司成敗的差異關鍵。就軍事領導人來說，風險很高，是因為造成的差異攸關生死。普魯士的軍事策略家卡爾‧馮‧克勞塞維茲（Carl von Clausewitz）認為，良好的判斷力是優秀將領所具備的重要特質。因此，決定一個人是否能肩負更多責任，或評估已位居此位者的資質時，判斷力往往被視為最重要的特質，這並不令人意外。

領導者會運用到判斷力，但其實判斷力對組織內的任何人都很重要（在我們私人生活中也是）。我們需要知道如何運用判斷力來選擇工作夥伴及老闆。認識自身的優勢與劣勢也非常

重要，因為這意味著我們可以發揮自身優勢，並至少削減自己的劣勢。

AI 時代，發揮人類判斷的獨特優勢

我們不是只有在做重大決定時（比如雇用重要員工、開發新的 IT 系統、開拓下一個重大市場）會發生判斷力失靈的狀況。這類情境絕大多數都出現在日常生活中，像是如何與難相處的同事共事；對於現在付不出錢但未來前景看好的客戶，是否讓對方再多賒點帳。

不管我們做出怎樣的選擇，判斷力能增加我們達成目標的機會。這些目標可能由你自己訂出（「我今年想拿到最多的獎金」），或由他人決定（「我希望不要超出今年公司設定的預算」）。這能幫助你在與同事共事時表現出最好的一面（「我信任她」），做生意的時候也展現最好的一面（「我信任他們」）。在你面對不確定性、處理非你專業的事物時都能幫助你（「我對祕魯不熟，但我知道風險很高」），為你未來的成功鋪好路，所以是值得培養的能力。

判斷力是我們和機器之間的區別 —— 在 AI 時代這是一大優勢。如果你從事專業工作，判斷力是將你從專業人士與專員之間區分出來的關鍵。它也能幫助你進行困難的個人判斷，因為本書中提供的框架適用於個人及企業領域。

有些人生來就具備做出更好判斷的特質，像是傾聽、自覺、關心他人的能力。有些人則沒有。他們忽略應該注意的事項、不再適用的舊習慣不改、不考慮選項或結果就倉促行事。學校與家庭教育能對良好特質的培養或不良特質的改善產

生影響。但不管我們從哪裡開始，永遠都有空間可以進步，這本書就是要幫助我們改善自身。

但本書也不全是在講改進。那些生來就具備能做出良好判斷的人，或那些透過教養或教育而培養出良好判斷的人，可能因為自負、過度自信或習慣而失去這樣的特質。這本書會談到如何避免這樣的狀況發生。

自我改善（或不要變得更糟）指的是，在增進判斷力的過程中以本書為指引，而不是機械化照做的藍圖。因為各種判斷的差異非常大，都要視情境而定，本書提供一個指引框架，而非一套公式或法則，這個框架非常有彈性，能適用許多不同的情境。

匯聚眾智，在各領域用好判斷力

這本書中靈感、成功案例、悲劇或其他故事的來源等都取自和許多人的訪談及討論。多年來，超過 800 位來自不同國家的受訪者讓這些想法逐漸完整。這些人包括諾貝爾獎得主、創業家、科學家、軍事及宗教領袖、法官和醫生、央行人員、獵人頭顧問、從事 AI 領域的第一線工作者、全球大企業的 CEO 及董事長、專業領域公司的資深合夥人、政治人物、外交官、情報機構負責人，以及一位奧運金牌得主在內的運動明星，甚至還有一位太空人。此外還包括各領域的執行長、中階主管、政府官員、技術與勞動工作者及其他不屬於勞動人口，單純在日常生活中必須做出艱難決定的人。文中引用了其中一些人的話。

在新的想法和證據持續出現的同時，書中概念也持續發

展，受到包括經濟學、神經科學、心理學、歷史、金融、AI等廣泛領域的影響。我所擔任的諸多管理角色也有所貢獻，這些角色包括身為一間澳洲藥廠、一間德國紡織製造商、一間美國電池科技公司的董事會成員。在我自己的國家，也就是英國，我擔任的角色遍布在廣泛的不同領域，包括銀行、圖書銷售、保險、市場調查、中央與地方非營利機構、國營企業、健康、審計與法規等公私部門。本書旨在說明如何在你的人生旅程中運用判斷力，在做選擇時讓情況對你更有利，以提高達成目標的機會。

第一部

判斷的基本

什麼是判斷，如何運用？

> 當人類無法獲得清晰、明確知識的情況下，上帝賦予人類彌補這種知識不足的能力，就是判斷力。
> ── 英國哲學家，約翰·洛克（John Locke）

戲劇化的事件最容易讓我們注意到判斷力，無論是好的或壞的判斷。被同事稱為「薩利」的切斯利·薩倫伯格（Chesley Sullenberger）必須判斷如何迫降全美航空 1549 號班機，迫降不久後，全世界都知道了。從位於紐約的拉瓜地亞機場起飛不久後，兩具引擎因捲進一群鳥而停擺。他決定將飛機迫降在哈德遜河上，而不是返回拉瓜地亞機場或其他機場。不單只是薩利的判斷拯救了機上所有人，副機長的信任也建了大功。如果他們像其他空難事件的狀況一樣，因為爭辯其他做法而浪費寶貴時間，結局可能會同樣慘烈。電影《薩利機長：哈德遜奇蹟》（Sully: Miracle on the Hudson）說明了一切。

所以，判斷力到底是什麼？對許多人來說，判斷力會讓人想到法庭。在電影或電視節目中經過緊繃的審訊，陪審團認定「有罪！」後，法官嚴肅地表示：「本庭宣判……」本書中提到的判斷指的是，我們對於日常生活中一些事件的形塑、參與

及反應的方式,這些事件帶有某些戲劇性但絕大多數則不然。

這裡要釐清另一個聽起來相似的詞彙,本書講到的判斷（judgement）和告訴別人該怎麼做的「武斷評判」（judgemental）一詞相反。武斷評判往往牽涉到強烈的個人信念,與特殊情境並沒有關係。保羅・C・納特（Paul C. Nutt）在其著作《我是英明決策者》（Why Decisions Fail）中形容武斷評判與決定（decisions）的關係:

> 堅持自己對類似決定有所了解而捍衛提出的行動,這即是武斷評判。主張自己有做出選擇的洞見,卻無能提供具體說明。沒有搜集事證資料,都是基於經驗與知識,以直覺做出選擇。決策者用這項戰術找到偏好做法,未提出論點或資料支持他們的選擇就直接推動執行。[1]

另一方面,運用判斷力則是根據與特定情境相關的證據、與情境相關的感受和信念去形成見解或做出決定,而不是根據個人的看法。

判斷和法律上的判決（the legal kind of judgement）在定義方面還有個有趣的連結。美國最高法院法官波特・史都華（Potter Stewart）針對猥褻訂下的著名標準:「我不知道猥褻的定義是什麼,但我看到就知道。」本書採訪的許多人對於判斷力也是這麼說,其中一位獵人頭顧問表示:企業界最高層的執行長可能覺得就算無法定義,但他們一看到就會知道。

但這樣還不夠好。判斷力對於我們在工作和家庭中做出最重要的選擇尤其重要,如果我們要識別、並學習如何改善判斷力,我們需要一個定義。讓我們從字典開始,而就算是字

典的定義也大相徑庭。劍橋辭典的定義包含了做決定、決策（decision-making），但牛津與柯林斯辭典則沒有涵括。而劍橋辭典的定義將判斷視為是一種能力，韋伯字典則將其視為是一個過程。[2] 在文獻中，判斷力和意見及決定有關，有時則不然。判斷力被視為與「良好」、「有理」或「聰慧」有關，有時則與其他特質有關。判斷力也被認為與評估、目標、心理過程有關。在某個例子中，判斷力被視為「一種難以定義的能力，可以理解成是同理、謙遜、成熟、均衡、平衡、理解人類有限性、明智、審慎、現實感與常識等的綜合體」。[3]

在實際使用上，對判斷的定義也是各種各樣，非常廣泛，有些則非常專門。例如，由美國政治學家菲利浦·泰特洛克（Philip Tetlock）主導的預測計畫被形容是「良好判斷力計畫」（the Good Judgment Project），其目的是「利用群體智慧預測世界上的事件。」

由於判斷力沒有統一定義，我在本書使用的定義是：**綜合相關知識和經驗以及個人特質，形成意見或做出決定**。這個定義符合約翰·洛克的精神，洛克在本章一開始的引言中做了更優雅的描述，我難以企及，他認為判斷力是克服「人類無法獲得清晰、明確知識時」所需要的特質。

我們要釐清這個定義的兩點：相關經驗與個人特質。相關經驗指的是從做過的所有事情得出的判斷；你的個人特質則代表你是怎樣的一個人。它們哪一個重要、該如何應用等問題都跟判斷很類似，需要視情境而定。但為了說明可能包含的內容，一些通常和判斷力相關的特質包括了：敏銳度、常識、辨別力、情緒智能（EQ）、洞見、洞察力、理性、自覺和智慧。然而，並非每個人在做每個判斷時都具備所有這些良好特質。

定義好判斷力後，可以用很多方式描述這個特質。討論好的及壞的判斷力能更清楚看出來判斷力如何被評估，但在日常對話中說「她有判斷力」即隱含此人判斷力良好。所以一般做法通常是省略文中的「良好」，假設我們在說某人有判斷力時，指的就是好的判斷力。如果不是這樣，則明顯指的是判斷力不佳。

　　實際上很少人會討論判斷力不佳這件事，至少不會討論自己欠缺判斷力。權威人士有時會承認決策時的某些瑕疵，包括「我太大膽了」、「我太沒耐性了」，甚至可能是「我太小心翼翼了」。除了天大的個人災難，對於任何人而言，尤其是領導者，承認個人判斷力不佳非常少見。

　　實際上，**很少有全然好的或壞的判斷力。大部分人都處於這兩端之間**，他們也的確這樣覺得，像是「判斷力周全」和「判斷力薄弱」就提供這兩端間細微的差異。當我請大家以十分為準，匿名自評判斷力，平均得分幾乎都是在六到八之間。這顯示大部分人都不覺得他們的判斷力很好或很差，不過如果有人自評為滿分十分，可能會被認為過度自信。

　　還有一個原因顯示，以十分自評不是評估判斷品質的好方法。有很多人在職涯上很成功，但卻經歷多次婚姻。也有很多人私生活美滿，但在職場中判斷力卻很差。在職場上，人不一定在每個領域的判斷力都很出色或很差。一位在財務上展現優秀判斷力的財務長，在更涉及策略的角色表現時，可能就沒有那麼出色，而一位在人事及策略上都表現優異的執行長，在碰到數字時判斷力就變差。

　　判斷力的另一個特色是往往都是當事情出錯，才會注意到判斷力這件事。可能是經驗老道的投資人破產，像是全球

01　什麼是判斷，如何運用？　23

避險公司龍頭創立的長期資本管理公司（US hedge fund Long-Term Capital Management, LTCM）在風險管理上出了錯。可能是因為沒有採取必要的行動，像是諾基亞早期在手機領域大獲成功，卻未能乘勝追擊。有時候則是綜合多個錯誤判斷。比如舉楊・約翰森（Jan Johansson）為例，他是瑞典林業集團 SCA 與全球最大失禁護理產品製造商的執行長，在爆出董事會成員的配偶、子女，甚至是寵物一同搭乘公務飛機旅遊後，他因此辭職下台。這些旅遊目的地包括打獵小屋、一級方程式賽事、世界盃及奧運比賽。《瑞典日報》（Svenska Dagbladet）報導，有次一架飛機從瑞典遙遠的北部起飛，機上無乘客，只為了去拿一位主管忘了帶的錢包。

就個人層面來說，報紙上盡是名人在被爆不倫或說錯話後解釋著自己「判斷失誤」。在商界也是，大家更容易發現差勁的判斷，而不是好的判斷。相較之下，良好的判斷力往往在成功的背後默默貢獻。

這裡也釐清一下判斷和決定的相似及差異之處（第二章會有更完整的分析）。這兩者往往會互換使用，但特定詞彙則顯示兩者間的差異。我們常說，我們要的是有「判斷力」的人，而不是只會「做決定」的人。我們談論一個人擁有或展現良好的判斷力，但我們會說他「做出了決定」。「決定」這個詞可以用在各種大小選擇上：比如你決定早餐不再喝第二杯咖啡，但在更重大的事情上，判斷力也會介入，例如你運用判斷力來決定開車前不喝酒。

判斷和決定間有兩種關係。首先，判斷包含做出決定及形成意見。一個決定則不包括意見的形成，但你可以對某人做出判斷，同時不做出決定。

第二種關係則是在做決定時，很可能會使用判斷。例如，決定買某樣東西通常會涉及到要納入和排除哪些選擇的判斷。然後是選擇上的判斷——權衡價格與品質，評估涉及的風險，例如買的東西壞掉、過時或不符需求。

判斷框架

如果判斷指的是綜合相關知識、經驗及個人特質，以做出決定或形成意見，那實際上又是什麼意思？我們需要一個框架，簡要說明需要考量的幾項重點，以及要做到的方法。這類架構能提供指引與方法，找到最有機會成功的方式。可以的話，使用框架代表我們能告訴別人我們採取合適的步驟做判斷，符合法規或法律上的要求，也能幫助我們及同事吸取成功及失敗的經驗。本書的框架將判斷拆解成六個主要要素（**圖1**）。

讓我們依序快速地看看這每一個元素。

1. 知識與經驗

我們會用相關知識與經驗進行判斷，請注意「相關」一詞。我們可能知道很多事情、有很多經驗，但對判斷力來說，重要的是和要做出的選擇有關的知識與經驗。所以判斷力永遠和情境有關——今天正確的判斷，隨著事情的演變，到了明天可能是錯的。我們在第四章會進一步討論知識與經驗。

2. 覺察

我們不只透過看到和聽到的事物覺察，也會透過對於情境及人的看法來覺察。有些人對此很擅長，他們能做到認真傾

圖 1 判斷框架

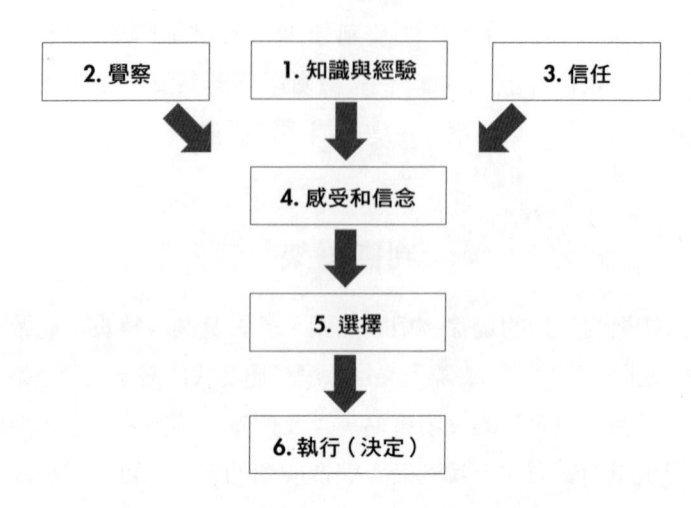

```
    ┌─────────┐   ┌──────────────┐   ┌─────────┐
    │ 2. 覺察 │   │ 1. 知識與經驗 │   │ 3. 信任 │
    └────┬────┘   └──────┬───────┘   └────┬────┘
         │               │                 │
         └───────────────┼─────────────────┘
                         ▼
                ┌─────────────────┐
                │  4. 感受和信念  │
                └────────┬────────┘
                         ▼
                ┌─────────────────┐
                │    5. 選擇      │
                └────────┬────────┘
                         ▼
                ┌─────────────────┐
                │ 6. 執行（決定） │
                └─────────────────┘
```

聽、解讀文件、「閱讀空氣」察言觀色或解讀肢體語言。有些人則無法發現這些訊號。若要運用判斷力，需要注意發生了什麼事情。我們在第五章將會介紹這實務上到底是什麼意思。

3. 信任

我們不可能事事親力親為。因此，我們尋求建議的對象，尤其是那些我們信任、願意向他們求助的人，都會在我們的判斷品質上扮演重要角色。一般而言，信任會隨著時間累積而建立，所以我們更容易信任那些熟悉的人。但這樣的人並不總是隨時在身邊可以請教。同樣地，對於數據和資訊的來源，尤其是那些新的資訊，我們往往也不確定能信任到什麼程度。所以，選擇資訊來源是判斷力中非常重要的一環。我們在第六章將深入探討信任的各種面向。

4. 感受與信念

我們的感受和信念，包括個人價值觀、情緒和偏見都會影響我們的判斷。如果我們在某個組織工作，組織的價值觀也會影響我們所做的判斷。感受和信念會像濾鏡一樣，影響我們的判斷。在做判斷時，重點不是試圖忽視或排除感受和信念，這不太可能做到，甚至在涉及價值觀的情況下，也可能不想這樣做。但我們需要有意識地察覺到自己的感受和信念，當它們變成偏見妨礙判斷時，懂得減少其干擾。我們會在第七章探討感受和信念對判斷的影響。

5. 選擇

到某個階段，我們會把各種選項都搜集起來，做出決定或形成意見。決定常常是在有意識的情況下做成，很正式，或許還會透過團體參與；但意見往往不被察覺，是非正式且個人的。很多選擇已成為慣例，不太需要判斷。可是那些複雜、不確定、不熟悉或具有風險的重要選擇，通常需要許多判斷。我們將在第八章談到做選擇的過程。

6. 執行

理論上聽起來很好、但實際上無法執行的選擇，並不是一個好的判斷。需要做出的決定是能被執行的決定。這和意見形成對比，我們不需要檢查意見是否能被執行，因為意見的形成不涉及行動。我們將在第九章進一步詳述。

判斷過程是連續性的嗎？

圖 1 呈現判斷是一個有邏輯順序的過程。我們先從自己知道和相關的經驗開始，再加上與這個特定判斷有關的資訊，在做到這點時，必須意識到使用了哪些資訊，以及我們對此資訊及提供資訊者的信任。經過我們的感受和信念過濾之後，再做出選擇。最後，在決定這個階段應該考慮是否能夠付諸執行。

但也有可能在考慮到情況發展和新資訊後，我們會想重新檢視其中一個元素。例如，我們可能在知道新資訊後，重新檢視我們已知的事實。或者，如果一位同事表示我們的感受和信念有偏見，已經不當影響我們做選擇的方式，我們可能會決定重新思考個人感受和信念扮演的角色。而這點可能會牽涉到那些我們信賴並給予我們意見者的角色（這些如何運用到框架上，請見圖 2）。

在做任何判斷時，隨著時間的推展，可能會需要考慮新的選擇。舉例來說，如果對於專案的執行是否可行感到懷疑，可能需要重新檢視現有的選擇。檢視過後，可能需要重新檢視我們過去執行這類專案經驗所做的假設。就我們的某些判斷而言，可能需要不斷重新考慮。就像外科醫師在手術過程中，要視病患反應而重新評估該如何處理，行銷活動則需要依照市場反應進行檢視。

判斷力的運用

假設你參加一場會議，會中討論了一項議程，你不同意提議的內容。這時你到底要不要介入，這涉及了判斷。如果你決

圖 2 判斷框架

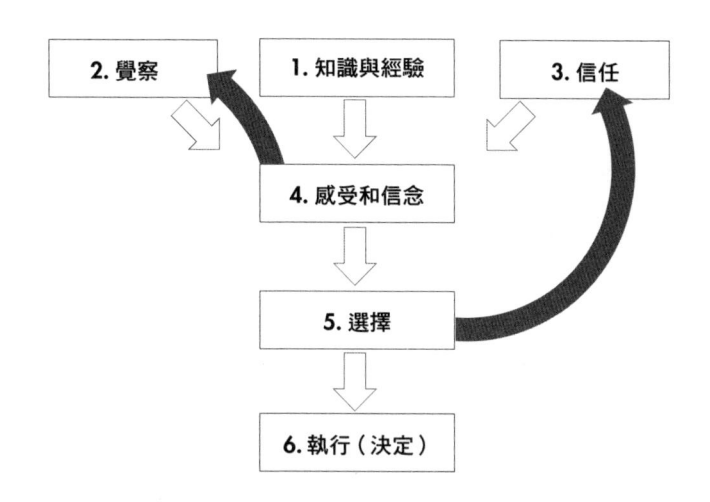

```
2. 覺察  ←  1. 知識與經驗      3. 信任
   ↓           ↓                 
   →→→→→  4. 感受和信念  ←←←←←
              ↓
           5. 選擇  ←←←←←←←←←←
              ↓
           6. 執行（決定）
```

定要發言,則涉及何時介入的判斷。還有該如何介入,包括使用的論點以及如何使用。

要採取行動嗎?何時採取?如何採取?在做出這三項判斷時,你會考慮到很多要素。你可能會考慮到自己的名聲,如果你對這議題不了解,你可能擔心發言會讓自己出醜。就時機上而言,在討論初期早點介入,試著影響議題的發展可能比較好;或者是慢一點,等到了解其他人(像是你的老闆)的想法再介入。這可能代表你會知道自己能不能得到支持,或將會是個無望的努力。你需要決定介入後,你和對立方的人之間的關係會受到怎樣的影響。如果你不喜歡議程上的其他內容,你需要決定是否反對所有項目,或僅限於部分內容,不要讓自己看起來很負面。你可能擔心如果一直保持沉默,大家會覺得你也同意提出的做法。你可能會覺得,對於自己有強烈看法的事情不發言,你會覺得受到羞辱。上述只是針對一個討論項目你是

否要介入,就牽涉到這麼多的考量。

在判斷中,覺察很重要。在一天當中,我們做了無數次判斷,而你卻對自己做了判斷不自覺。覺察很重要,不只是覺察本身,覺察對判斷過程中所有面向都很重要。它可能是關於你是否接受別人說的是正確的,或要求得到更多證據,也可能是如何表達要求,到底要打電話給同事或直接去見她。而我們閒暇時也忙著做判斷。午餐時是否要吃第二塊蛋糕,或晚上是否再喝一杯啤酒?是否應該去看電視,而不是讀那本關於做出好判斷的書?孩子們花太多時間滑手機嗎?

大部分的時間,我們都意識到自己在做判斷,不管是指派未驗證過的廠商負責重要的服務,或決定如何在員工問卷中反應企業文化中的問題。在複雜、需要決定不同變數和風險評估的判斷中,我們特別能察覺到判斷的存在,像是何時開發新產品,或就複雜的醫療方案尋求第二意見。

估算和預測都是我們需要特別注意到涉及判斷的領域。不管我們在規劃什麼,比如銷售、推出新服務、應徵新員工、會計帳上的現金流,估測的品質都非常重要,如此才能確保我們做出正確選擇,並能徹底執行計畫。

然後是組織及其員工間關係的判斷運用。包括是否徵人、員工評核、選擇團隊成員、決定某人是否能肩負更多責任。舉徵人為例,這不只牽涉到判斷應徵者(「我能信任她嗎?」),也包括推薦人(「他們是不是為了擺脫應徵者才對他讚不絕口?」),或其他委員會的成員(「他想要指派她,是因為會獲得她的支持嗎?」)。我們會在第十八章進一步說明徵選人才的細節。

最重要的是重大議題。這包括策略選擇,像是組織應該自

然成長或藉由收購擴張。當組織遇到問題時，危機管理一定會用到判斷，而且通常是因為最初判斷失當才導致組織陷入麻煩，這有可能是由於投資高風險、高報酬的專案。

還有高度敏感的事項。這有可能是要不要參與可能締造事業成功、也可能一敗塗地的高風險專案；也有可能關於是否為了原則問題，而反對有權有勢的同事；或者可能是要不要邀請想拉攏的同事一起吃飯，如果要，那到餐廳吃或到你家裡。更敏感的議題還包括，當你從一個避稅天堂結束一段為期半年的工作，是否該恰巧「忘記」關閉你在那裡的個人銀行帳戶？

除了涉及到許多無形考量的複雜事件外，在數字比較上這種更直接的狀況也會用到判斷。例如，你想要訂機票並得到三個報價。價錢最高的機票可以退款，或一直到起飛前兩小時都能進行更改。中間價位的機票可以在起飛前 24 小時進行更改，但不能退費。最低價的機票則不能更改或退款。要在這三者間做出決定，會牽涉到複雜計算的判斷，影響的要素包括：你的計畫有多明確、相關其他人的計畫、不可預期事件發生的可能性。這些都會影響到你的計畫可能因這架特定班機而變動，你何時會知道且準備好為這些風險付出多少代價。

凡是涉及到數字的地方都需要判斷力。判斷力的作用，是讓數字有意義、有脈絡可循。比如：有一位同事給你一份明年銷售業績能成長 10% 的預測。如果這是一位你共事多年且信任的同事，你可能毫不遲疑便接受這些數字。如果是一位一直以來都過度樂觀的同事，或者你知道這個數字超出過往表現太多，或預測的產業已經在衰退，你可能會先詢問預測的假設前提，再決定是否接受這個數字。正因為對拿到的每個數字都提出疑問並不實際，我們需要判斷力決定要對哪些數字提出質疑。

最機械化的工作也需要用到判斷。例如有一個機器人經程式設定，要將汽車門放上移動組裝軌道。機器人運作流暢，不需要人類介入。但需要非常多判斷才能設定程式，讓機器人做出正確的動作，達成特定品質標準，並且在需要的時候針對組裝線上不同的材料進行不同的回應。此外，我們也需要判斷力來監控品質，以確保機器已妥善設定。

一旦我們做出選擇，接著會需要判斷如何執行。決定三十歲時要成為百萬富翁，這不需要判斷；如何執行計畫成為百萬富翁，才需要用到判斷。同樣地，愛上某人可能不需要判斷，但愛上之後兩人關係的發展通常會涉及非常多判斷。

並非所有需要判斷力的領域都能清楚辨識。決定你個人和組織的優先事項是關鍵的判斷，儘管你可能不像在雇用新同事或決定投資大型專案時，那樣意識到自己在做判斷。有些判斷可能部分可辨識，部分則否。例如，企業文化不僅取決於設定組織價值觀的判斷，也取決於領導階層每天樹立高層基調的實際行動。

在某些案例中，企業文化可能導致差勁的判斷。在找出2019年造成波音公司兩起737 MAX空難事件原因時，波音的管理高層便因此遭指控：「一些毀滅性的決定顯示，重視利潤更勝安全」，美國參議院交通委員會主席表示。[4]

很遺憾，這並非單一事件。之前在某個惡名昭彰的案例中，就出現過為了追求獲利，而犧牲安全的狀況。當福特公司首次遇到日本車進口到美國的威脅時，福特公司決定盡快生產新車對抗。車廠因此設定一款比平常更短開發時程與極具野心的設計規格。新車準時生產，而由於設計時程被大幅縮短，毫不意外地，新車在開賣前的測試被發現出現好幾項問題。其中

一項是油箱因設計位置導致受撞擊時可能會起火。

一直到這裡都是生產任何新車會有的風險。但公司最駭人的錯誤判斷則是決定，經計算過可能導致傷亡的預估賠償，會比修正問題須付出的成本還要低。這樣駭人的算計，被公諸於世後引發抗議，大眾認為車廠寧願無情犧牲數條性命，而不是改善問題。在這起惡名昭彰的事件中，車廠最終付出難以想像的慘痛代價。這是個極端的案例，在真實生活中，遵行「數字至上」是比較少見的。

「判斷錯誤」成為藉口

對個人來說，「這是一個判斷上的錯誤」這句話，往往是在所有其他可能的藉口都用盡之後，唯一剩下的回應。近年來說過這句話的人包括：東京奧運委員會主席，之前他評論說女性不適合進入委員會，因為她們話太多；一家加拿大退休基金的執行長，之前他在新冠疫情期間插隊飛往杜拜接種疫苗；一位新上任的監管機構負責人，他承認自己曾參與避稅方案；一位（曾諷刺有錢人的）喜劇演員，他也參與了同一項避稅方案；以及一位法國大學的校長，他在未能懲處一位捲入醜聞的同事後被迫辭職。

承認判斷錯誤還有用詞程度之別，很多都發生在政治領域。最輕微的是「**一時判斷失準**」：英國首相的妻子被拍到在新冠疫情封城之際擁抱朋友，明顯違反疫情期間規定。然後是「**判斷欠周**」：一間美國跨國企業的負責人因為和員工交往而下台。接著進階到「**嚴重判斷錯誤**」：一間銀行 CEO 與記者討論客戶帳戶的資訊；多倫多市長承認與辦公室員工有婚外

情;澳洲板球隊長承認作弊,改變比賽用球的球況。再來還有**「嚴重缺乏判斷」**:前政府官員代表現在任職的企業,向過去的屬下進行遊說。然後是**「判斷上的重大瑕疵」**:身為少數知情的政治人物,利用內部資訊對選舉日期進行打賭下注。最嚴重的則是**「判斷上的巨大失誤」**:名人收黑錢去還債。當判斷失誤的時候,個人要付出的代價很高。

　　要說明代價有多高,可以看看導致傑拉德‧拉特納(Gerald Ratner)事業就此結束的案例。身為成功連鎖珠寶店企業繼承人,拉特納接手後進一步讓企業發展更蒸蒸日上,他某次受邀到一個企業領導人會議演講。現場有六千人聽他解釋為何他的醒酒器及玻璃杯售價如此低廉。「大家問我:『你怎麼可以賣得這麼便宜?』我說因為這全部都是垃圾」;他接著(針對他賣的耳環)說道:「大家說比瑪莎超市(Marks & Spencer)的蝦仁三明治還便宜,但我覺得那些三明治的保存期限說不定比那些耳環還長。」他在幾秒鐘內毀掉自己的企業。後來有段時間,他曾以激勵型演講者的身分,向觀眾說明如何避免重蹈其覆轍。

　　想確保自己不會因為判斷失誤而跌入前人的覆轍嗎?本書通篇提供許多良好判斷的案例,以及提升個人判斷力的方法。這些內容涵蓋判斷過程的所有面向,在任何一個方面做得更好,都會增加你做出更好選擇的機會。所以,絕對不需要全部都做到,才會看到成效 —— 再微小的事都能做,任何時候開始都不嫌晚。祝你閱讀愉快!

02

判斷與決策

> 在公允的比較並權衡不同影響的重要性後，推論的力量及正確的判斷會發揮作用。
>
> ——法國軍事家和政治家，拿破崙[1]

你是否曾為了做出複雜的判斷，列出一份有著正反論點的清單做為依據？如果是，那麼你正與一位傑出人士同行。班傑明・富蘭克林（Benjamin Franklin，之後成為美國國父）在1772年向化學家約瑟夫・卜利士力（Joseph Priestley）解釋，當他要做一個困難決定時，會在紙上畫一條線，一邊是「優點或贊同」、一邊是「缺點或反對」的理由，然後花幾天時間仔細權衡兩邊。接著，他會給予每個理由不同的權重並計算總分，最終選擇得分最高的那一個。[2]

這個想法簡單、有系統且優雅，但可能大部分的判斷都不適用，包括那些無法等待「幾天時間」才能做的判斷。除此之外，不是所有判斷都那麼容易能夠列出清單，每個項目都能獲得一個量化數字。例如，關係的品質很少能如此明確衡量，正如我們將在第八章查爾斯・達爾文（Charles Darwin）的例子中看到的那樣。這種方法也無法處理其中涉及的風險，但它不失

為一個可能更系統地識別相關因素並確定其權重的好方法。這也向我們揭示了判斷與決策之間的關聯，因為判斷不單只是將決策這件事描述得更複雜或更精細，它甚至也不是專門用來指稱那些已經很周詳、已深思熟慮的決策。

判斷和決策都是過程，有很多方式能描述決策。例如在《贏家決策》（Winning Decisions）一書中，作者愛德華‧魯索（Edward Russo）與保羅‧修梅克（Paul Schoemaker）列出決策的四階段過程：決策框架（決策者看待一個議題的角度）、搜集資訊、導出結論、（為了下次改善）從經驗中學習。[3] 夏恩‧派瑞許（Shane Parrish）在《終局思維》（Clear Thinking）將判斷納入決策過程中。[4]

決策過程講的是如何採取行動，做決定是「投入執行一連串的行動，以便達到想要的目標」，[5] 判斷過程則不一定會涉及行動，像是形成意見就無須行動執行。判斷也被形容是一種特質，而決策則是行為或技巧。當我們說希望人能有判斷力，這兩者間的差異便更為明顯；我們不會說希望人能有決策。我們也會講到人會運用判斷力（exercising judgement），但不會是運用決策，而是做決策（making decisions）。

判斷和決策之間有幾個關聯。首先，大部分的決定都會運用判斷力。在班傑明‧富蘭克林估算考量的例子中，運用判斷力幫助決定清單上要列出哪幾點（「我想到的……不同的動機」）以及如何取得平衡（「我盡力估算出其個別權重」）。結果會得出一個決定，因為他一定要「下定決心」「得到平衡」。同樣地，如果我們必須在兩個行銷活動間決定啟動哪一個，因此需要預測活動對銷售的影響，則會運用判斷力進行預測。如果我們需要評估採用新科技的風險，會需要判斷力進行

評估。如果我們決定在兩個應徵者間要雇用哪一位，需要運用判斷力做出決定。

決策會運用到判斷力，而判斷力也會讓決策更符合做出選擇的情況，包括一個通則是否適用於特定情境。舉例來說，我們通常買最便宜的東西，但在擔心便宜產品的品質時，可能會選擇較貴的產品或服務。另一個狀況是其中一個要素非常重要，遠遠勝過其他因素，因此無須估算衡量，像是未能達到其中一項標準後，選擇就完全不成立（「有合作過的人告訴我們這間外包公司不可靠——我們不能冒這個風險」）。

判斷可能指的是我們對於建議幾種不同克服瓶頸方式的同事所進行的評估。可能是在選擇不同投資時，比較之下的風險。同樣的決定可能會因情境不同，需要更多或更少判斷。三月某個平凡的週二要穿什麼，可能用不著太多判斷；但面試要穿什麼就需要判斷。

隨著複雜性、責任、新穎度、模糊程度、風險和重要性的增加，判斷的角色也變得更重要。讓我們看看這幾個要素。

複雜性

任何例行性工作通常都不太需要過多的判斷，已經有現成的規定和要求以確保一致性，減少犯錯空間，所以不太有機會需要運用判斷力。就算有判斷空間的狀況，也很少會用到。舉例來說，當你更新汽車保險時，幾乎所有報價都是由機器立刻產生，包括少數需要調整的狀況（例如一名 25 歲以下的新手駕駛），或特別情況（路邊停車而不是停在車庫）。

但就算是用機器公式做出決定，在過程的稍早階段還是需

要用到判斷力。汽車保險報價是基於演算法由電腦程式產出，但前提是先由人類運用判斷設定程式後才得以產出。高精密的監控機器同樣也需要由程式設定，在此之前則需要用判斷決定機器的容錯度。

複雜性要素

隨著許多構成複雜性的要素增加（包括新穎度、模糊程度、風險等），以及這些要素對組織越重要，判斷的重要性及需要花在這上面的時間都會增加。當人們晉升到管理階級，幾乎所有的事情都跟判斷有關，這反映管理職務的複雜性及要處理議題之廣泛。在一個「VUCA」（易變、不確定、複雜、模糊）的世界裡，好的管理一定不能缺少判斷。在重要的策略判斷中非常明顯，像是收購、開拓新市場、砸大錢投資新產品或服務。在處理和同事間的複雜個人議題、設定文化價值觀、處理利害關係人之間的衝突、解決倫理議題（例如產品是否要賣到採取壓迫政策的國家）等的時候也同樣重要，就算有時不是那麼明顯。

責任

判斷的角色和重要性也會隨著責任而增加。處理比較多例行性工作的人，通常沒有那麼多需要判斷的空間。監督管理者需要多一點；初階主管再多一些；資深主管則更多。隨著人們晉升至監督、初階及中階管理角色，判斷的範圍增加，他們需要解讀在新的狀況要做什麼、模糊的條件、常態之外的變數，

這些都是管理階層在做的事情。規定和前例越少，判斷的需求就越多。但就算是塞滿電子郵件的日常問題、會議議程上例行項目，我們還是需要判斷哪些是垃圾郵件，哪些是潛在機會、哪些事可能會大出包。

判斷範圍

判斷的範圍比決策更廣泛。判斷和決策不一樣，也牽涉到形成意見（「我覺得我們選錯了」）或選擇看法（「她會成為很棒的 IT 負責人」）。我們在讀報紙或看新聞時，可能會針對情況或人做出許多判斷（「我不喜歡他說的話」、「她真的很聰明」），但卻完全不用做決定。

意見形成後，適當時可能會轉化為行動，但這是另一個新決定的結果。例如，你在社交場合遇到一個人，對方很積極想向你推銷她公司的技術服務。她給你自己的名片。你印象深刻，認為她有天會幫得上忙 —— 這是意見，但不是行動。你可能完全忘記這個人，找到名片時已不記得為什麼或何時拿到的。或你可能在幾個月後遇到某個對方公司能解決的問題，因此想起這個人。瘋狂尋找名片後，你聯繫對方。這就是判斷再加上決定。

機率

再舉個判斷在決策過程的角色，來看看機率評估。我們隨時都以簡單可用的標準在使用。會議可能會超時。合約可能不會更新。

相較之下，在計算借款人是否會欠款機率時則會用到非常正式的分析。有複雜的模型利用過去欠款數據，並根據經濟狀況和其他因素進行調整。同樣地，也會針對過去理賠的進一步資訊和其他因素調整保費費率。

注意到上面兩個例子中使用「其他因素」一詞。只用過去數據評估欠款或保險理賠的機率並不夠，情況可能已經改變，對於接下來會有影響。這時需要運用判斷力決定情況是否真的改變，而影響又為何。電腦程式會需要反映這些改變。

但判斷的角色不僅限於計算。整個過程開始前，要使用某種預測模型而不是另一款，這也是判斷。計算的結果出現後，也需要運用判斷決定該如何進行解讀。

風險分析

判斷與決策間關聯的另一個例子是風險分析，這對兩者都很重要。以下是幾種風險：

◆ 我們過去採用新 IT 系統的紀錄經驗顯示，我們非常有可能每年都會遇到一次系統失靈，影響將非常巨大。
◆ 我們會遇到因競爭對手挖角而失去一個重要員工的小風險。這不會是大災難，但影響頗大。
◆ 我們暴露在不尋常的外匯震盪中，但對獲利的影響及程度都不是太大。

圖 3 的「熱圖」提供統一檢視這類風險的方式，連結不同風險的可能性及影響。

我們做決策時必須有系統性，使用像機率分析或風險分析

圖 3 風險熱圖

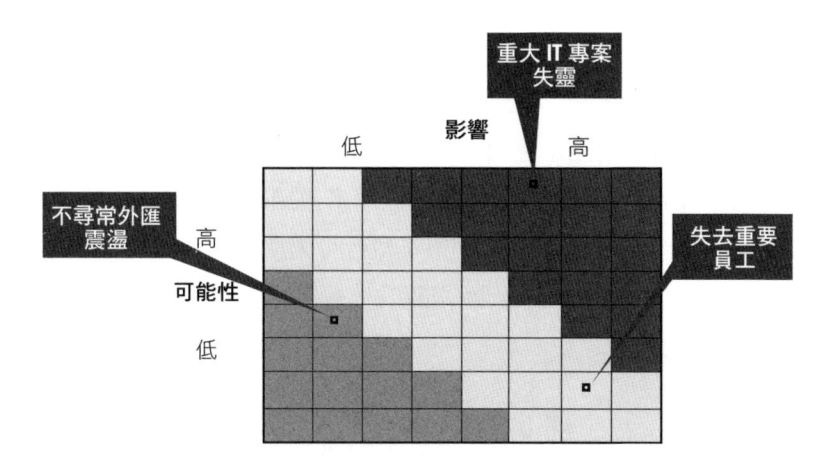

等技術，不管目的是品質管控或排程、預測或做機率分析。但這些技術一定要搭配判斷，判斷會影響如何使用這些技術及如何解讀結果。第十章會進一步討論判斷和風險。

不同的判斷

判斷以各種方式及程度出現。從混亂（「不要用那些事實來混淆我」）到高度正式（結構、數字）。那些討論判斷的人往往以為決策就是跟模型和數字有關，不然就是判斷的同義詞。但決策幾乎都會使用到判斷，舉三個日常決定為例：

- 一項 IT 專案的報酬率是 15%，高於最低 12% 的報酬率門檻，因此可以執行。
- 人資處長根據績效評量的結果向薪資報酬委員會提出七位資深主管中有四人應獲得獎金。

◆ 資深行銷小組核准一個新行銷活動。

　　這三個決定在正式程度、結構和理性上各自程度不同。有些涉及數字。每個都使用到判斷，用以決定何時及該使用哪種流程。判斷被用在過程中（多少折扣、何時發獎金、用怎樣的提案來推展行銷活動）。判斷也被用來得出結論（案子風險太高；發獎金會惹怒股東；此刻非執行行銷活動的適當時機）。接下來很快分別看看和判斷相關的正式度、結構、合理性。

非正式及正式的判斷

　　此處的正式程度指的是做紀錄。銀行會寄給你對帳單。線上商店會留一份你的購物紀錄。除了法律規定，組織這樣做也明顯有好處，能查出發生了什麼事。這也適用於判斷。銀行會在檔案上記錄為何給你特定信用額度。醫生會記錄為什麼建議特定治療方式。這些紀錄幫助同事知道發生了什麼事，提供改善的基礎，也提供能確認的證據，證明已遵循流程進行。

　　以受到監管、公共的非營利組織為例，可能會因為當責（accountability）要求做紀錄，以便民代或監管單位仔細檢視其判斷。又例如在監督商業稽核品質時，監管單位在整理年度帳務時需要追蹤為什麼做出特定判斷。

　　但無論正式程度高低，我們都離不開判斷。有可能在高度正式的過程中，處處卻充滿錯誤假設，像是一份長達百頁的複雜新建築提案中，內容所根據的技術、財務、管理假定都不可靠。也可能出現周全但非正式的過程，例如兩位非常有能力的工程師在喝茶時討論閥門滲漏應如何處理。

鬆散及結構化的判斷

在職場大部分的狀況中，會使用分析數據的技術提供結構化方式做決策。接著會根據情況、不確定性、風險，運用判斷評估可能結果。但並非總是需要用到判斷。舉例來說，電腦可能會因採用的公式而被設定採取行動，例如根據超市收銀系統數據而下訂單補庫存。類似的結構化方式使用到許多技術，包括用決策樹呈現一系列決定的結果。

相較之下，也有許多個人鬆散的方式。包括：習慣（「我家的人一直都是這樣投票」）、自發或經驗法則（「我通常避免晚上出門」）、感受（「我不喜歡」）或直覺（「我突然轉向，避開突然過馬路的行人」）。以上沒有提供明確且能在事後辨認出的推論，但在特定情況中還是相當適用。

結構性的做法代表我們依循過程法則告訴我們應該怎麼做。優點是我們有了指引，知道如何運用判斷，並能於事後檢視，而不是尋找一個可能選擇有瑕疵的做法。

有結構不一定比結構鬆散好，過度依賴可能導致錯誤或甚至造成危險。美國於 2001 年入侵阿富汗，美國上將史丹利‧麥克克里斯托（Stanley McChrystal）在戰爭初期領導軍隊，是少數在這場衝突中名望提升的軍事領導人。他告訴我，能力差的指揮官才會仰賴僵化的結構，設定在不同情境遭遇敵人時該怎麼做。針對敵人可能如何做時，透過必要步驟逼退對方可能有用，但必須權衡過程中的標準才能決定如何進行判斷。美國軍方設計了樣板，確保指揮官都能執行所有必要的步驟，但針對衝突特定情境做決定時，仰賴公式會很容易導致指揮官未能使用判斷力。

不管是結構化或結構鬆散的選擇都會用到判斷。重點是確定我們使用合適的方法，使用得當且根據正確的資訊。

理性與非理性判斷

一如其字面意思，理性指的是我們運用推斷進行判斷。優點是我們搜集並使用論據，提高依據這些論據得出結論的機會。有些人則認為如果我們做不到，最好交給機器來執行：「持續一致使用偏差模型勝過一個有偏差且不一致的人類。」[6]

但「良好判斷」並不是理性的同義詞。理性的特質可能有助於判斷，但理性並不等同於判斷力。在特定情境中，一個人可能理性但判斷力卻很差，例如不了解在不同國家做生意需要非常不一樣的做法。

所以，我們感覺上似乎很難為非理性的判斷辯護，有些活動卻不能用理性行事。舉例來說，做為企業負責人，我的目標可能是盡可能增加收益。但我可能會拒絕與一間對待員工惡劣的公司合作，或放棄與環保紀錄很差的公司合作，因為這些公司與我個人價值觀產生衝突。一個非營利組織可能不願意解雇績效很差的員工，因為相較於營利組織，非營利組織可能覺得有更多道德上的責任要盡力留住員工。

創意是另一個可能與理性方法對立的領域，像是根據有創意而不一定理性的方式來看待問題，藉此發展出新的想法。了不起的創意人士往往採用這個做法並大獲成功。可惜還有更多人採取這個方法後，卻未能堅持下去。

一些有名的思想家又進一步認為不理性是我們的一部分。心理學家史蒂芬・平克（Steven Pinker）認為我們可能會做出非

理性的選擇，像是我們選擇不要知道肚中寶寶性別、小說結局、還沒收看之前不要知道預錄足球比賽的結果。[7] 丹·艾瑞利（Dan Ariely）的《誰說人是理性的！》（Predictably Irrational）一書認為，之所以有這樣的行為是因為我們的行為不如我們所想那樣理性，不要覺得理性才是正常，我們應該接受我們有時候並不理性。[8]

雖然在做特定判斷時，可能不適合進行理性計算，但不理性可能會帶來極大風險。收看電視重播前不想知道最終比數是一回事，但忽視證據、故意不考量相關其他選項或明知風險高還是去做，則是另外一回事。歷史上一些為人所知最嚴重的軍事判斷失誤就是因為忽視理性的要素。一如約翰·凱爵士（John Kay）和莫文·金恩勳爵（Mervyn King）所指出：「理性的人有時會犯錯，但我們會認為當理性的人被指出其信念或邏輯上的錯誤時，他們通常會同意自己的判斷出了錯」。[9]

精確的數字

你偏好「每單位要花 2.097 歐元生產」還是「生產成本大約是每單位 2 歐元」？前者數字很精準，算到小數點後第三位，這讓我們更有信心得到正確的數字，而不是「大約 2 歐元」。

但使用數字的問題也反映我們在處理非數字時的觀點──要視使用數字時的假設品質而定。就上面 2.097 歐元的例子來說，這大概是將計畫數字（成本）除以另一個數字（產品數量）的結果。在兩個例子中，其假設可能是對的也可能是錯的，精準度來自將一個數字除以另一個數字，而危險在於我們可能精準，卻是錯的。

晶片製造商英特爾前 CEO 保羅・歐德寧（Paul Otellini）就曾說明過這樣的危險：他描述一個「等同於迪卡唱片（Decca Record）拒絕披頭四樂團的時刻」的故事，他當時拒絕了英特爾提供蘋果公司 iPhone 手機晶片的機會。[10] 蘋果公司想要支付每單位特定價格，且「一毛都不能多」，但這個價格比英特爾預測必須花費的成本支出還要低。結果他後來發現預測的每單位成本大錯特錯，因為那個銷售數字是所有人假設的一百倍。經濟學家兼英格蘭銀行前總裁金恩勳爵認為，當傳統模型的假設不成立，行為經濟學沒有正視理性是什麼的深層問題。[11] 這並不代表我們在判斷時應該忽視或不信任所有的數字，這代表我們應該了解數字背後的假設。

　　有些人對人類偏誤感到失望，認為用 AI 模型能提供人類缺乏的精準度。在了解 AI 涉及越來越廣泛且重要的同時，也值得花點時間檢視 AI 在做判斷時的角色，並思考更基本的問題 —— AI 能取代人類判斷的角色嗎？我們在第九章的最後一部分會討論這個問題。

03

判斷與成功

> 人類所有的缺點中,缺乏判斷力最為致命。
> ——古希臘悲劇作家,索福克里斯(Sophocles),
> 《安蒂岡妮》(Antigone)

　　印度商人維賈伊·馬爾雅(Vijay Mallya)的起步非常順利。他從父親手中繼承一間成功的全國啤酒公司後,在全國逐漸展露頭角,被視為是「尋歡之王」(the kind of good times),並創立廉價翠鳥航空,將自己打造成人民之友。所以,雖然他起步用的是繼承來的財富,但看似他是在這筆財富的基礎上發揚光大,也貢獻國家。

　　不過創立航空公司是一回事,能營運獲利又是另一回事。一向樂觀的馬爾雅快速擴張,超量訂購飛機。他沒有選定一種機型以便將成本壓低,反而訂購多種不同機型。當出現虧損時,他隱瞞虧損狀況,藉由借貸獲得更多資金。當低薪的員工因拿不到薪水而離開時,他還辦了豪華的生日派對,繼續資助一級方程式賽車賽事和板球比賽。這其中有多少差勁的判斷?哪一個最差?當然,最後一切都瓦解崩壞。[1] 但就判斷力而言,直到一切都出錯前,馬爾雅還是被視為是勝利組。這隱

含之意是他的判斷良好。快轉至揭露真相的階段可知,我們不能假設成功就等於好的判斷。

從馬爾雅的故事可知,當事情出錯時最容易將判斷和成功連結,而不是當一切都進展順利,這很諷刺。成功隱含著判斷良好,一如成功也隱含許多其他好的特質。缺乏判斷最著名的例子說不定就來自歷史事件,像是拿破崙與希特勒試圖侵略俄國並以失敗告終——兩人都因強烈的信念及過度自信而得意忘形。在商界,跨國大企業的問題及失敗案例則是缺乏判斷力最好的例證,像是瑞士的瑞士信貸等老字號金融機構或美國的矽谷銀行倒閉案例。

如果事情出錯,我們通常會責怪政府、同事、運氣不佳、天氣或甚至命運。但在大部分例子中,我們之所以可能失敗,往往是因為一開始就判斷不當才導致陷入這樣的處境。如果馬爾雅沒有買那麼多不該買的飛機,可能就不會陷入財務問題。

相較之下,當一切都順利進行,很難將好的判斷力與所有其他因素拆解開來。有時候有辦法做出連結,尤其如果經過了一段時間並得到足夠的證據。一個例子可能是律師在多起相似的案件都勝訴(或敗訴)。就房地產市場來看,一次市場景氣好並沒有辦法看出一個人對房地產的判斷好不好,但四十年來在好壞景氣循環中一直都做得不錯,通常代表判斷力很好。但我們很少能看出成功與判斷的明顯連結,因為判斷與情境有關。有技巧還不夠;應用技巧的能力才是判斷所在。

一連串好的或壞的判斷特別難追蹤,因為證據通常都不完整,尤其是經過很長一段時間後。針對成功與失敗也會有非常多合理化的理由。大家會想要為自己採取的行動辯護,也非常在乎自己的成功。因此,對於事件發生的描述可能要看當事人

是不是很會說故事，以及當事人有多自我中心。有些人花很多時間強調他們的卓越之處（或至少能力），以及他人的愚昧、能力低落與短視。

就算是一連串的情況、問題或案例也很少類似到足以得出關於判斷力的結論。在西班牙成功收購企業的財務長不一定能在智利複製同樣成功經驗。就算一位律師連續贏得多場官司，可能還有其他因素影響。

舉個例子來看看這類連結的含糊邏輯，WeWork 公司創辦人亞當・紐曼（Adam Neumann）表示，一個成功企業家的定義是長期而言做出的正確決定必須要比錯誤的多。他接著講到決策就像是衝浪，練習的時間越長表現就越好。衝浪時跌了下來，然後再站起來嘗試，然後就會再進步一些。[2] 先忽略關於好壞決定次數很重要的模糊原則（只需要一次真的很差的決定就能讓你翻船），衝浪的比喻有問題。判斷需要經過思考及分析，和衝浪需要的練習並不一樣。在亞當・紐曼的例子中，判斷絕對是一個比較一般的問題。他用對共享辦公空間的美好預測，在 2019 年將公司上市估值推到 470 億美元，後來從 CEO 的位子被趕下台，公司於 2023 年破產。

以目標是否達成或與他人的比較也很難測量成功。雖然有些判斷明顯與目標有關（「我們可以仰賴喬在週五前完成這筆訂單」），有些則很難驗證或有明確的結果做連結（「讓世界變得更好」）。有些極度私人，與目標也沒有關係（「我喜歡參可」）。

在比較不同的判斷時，因為判斷與情境有關，代表我們往往沒法知道哪個判斷較好或較差，因為無法比較。舉個實際的例子，組織在回應新冠疫情爆發及後續發展時，有些相似的要

素,像是降低成本的方式、採取居家辦公。但每個組織都不同,比如員工、市場、財務狀況、IT成熟程度、風險容忍度,這代表很難明確比較不同組織做出的判斷。

這些測量上的困難顯示,為什麼成功常常被用來替代判斷力。一位獵人頭顧問就向我證實,許多客戶在尋找新員工時都抱持著這樣的看法。論述如下:(1) 我的判斷顯示應該雇用珍;(2) 我們這樣做了;(3) 她做得很成功;(4) 我的判斷很好。

這個邏輯很吸引人,如果結果如我所願,我可能會假定自己的判斷是對的。但事實上,珍的成功可能和我的判斷完全無關。她之所以成功,可能是因為我的支持。她可能運氣很好,在幾乎不可能失敗的交易持續成長趨勢中加入。這甚至和我們如何定義成功有關——被拒絕的應徵者可能比她還優秀。

所以要成功,好的判斷很重要,但成功不一定是判斷良好所造成。俗話說:「一人得道,雞犬升天」,當團體、產業、國家中所有人都發展順利時,可能會將功勞歸於好的判斷。這樣的狀況不僅限於判斷;大獲成功的時候總是會很想要爭功勞,但之所以成功,功勞可能不在我們。

若要歸功成功的整體原因,我們也需要考慮風險、運氣和時機。接著來看看這幾項個別因素。

風險的角色

你是否曾投資特斯拉?沒有?為什麼沒有?可能是你沒有多餘的錢可以投資。可能是你看到電動車的未來發展以及媒體對伊隆·馬斯克(Elon Musk)的報導後,決定這項投資風險太高。等到價格漲到天價時,你可能覺得一切都太遲。如果你在

任何階段準備好要投資，你顯然願意冒險。

　　成功與失敗都可能是風險管理得當的結果，關鍵在於對機率的評估所決定的結果。理想上會由數學計算或檢視相對頻率（擲銅板 100 次，人頭向上的機率是 50%）來決定機率。但這對於要做出首次或一次性選擇的最重要判斷不太有幫助。我們沒有需要的資訊來計算機率。

　　特斯拉以風險極高為人所知，但同時又為一些投資人賺進大把鈔票，這樣的情況就新創公司來說也不常見。這不令人訝異。新創公司風險很高，絕大多數都會失敗。經驗老道的投資人知道這點並進行計算，他們運用判斷力決定是否準備好要冒險。很有興趣但沒有經驗的投資人往往沒有意識到投資新創公司失敗的可能性。

　　你可能決定自己不僅願意還很想冒險。我曾參與過一間失敗機會顯然很高的公司。後來這間公司真的倒了，但我不後悔冒這個風險，因為我透過參與其中學到很多。公司倒閉不代表我參與時缺乏判斷。相較之下，當我看到證據顯示圖書銷售公司不會成功的證據還決定繼續進行，就顯示我當時缺乏判斷。

　　風險計算往往會搭配數字。過去的證據可能顯示，某件事可能會有 5% 的機會不會成功。如果 5% 的機會出現了，就必須接受這是預期的風險。就如同我參與一家失敗風險很高的公司，判斷的過程很周全，雖然最後公司倒閉但我了解到並接受其風險。**判斷是關於了解、管理並接受風險，而非避開風險。**

　　用更白話來說，不管是否涉及數字，風險計算都是我們工作生活中正常的一環。不可能所有的新供應商都很可靠，或所有的新客戶都不會賴帳。但因為不想要為新客戶或供應商冒任何風險，而仰賴單一一位客戶或供應商，這本身就極具風險。

運氣的角色

有很多我們無法控制的因素會決定成敗與否,但最重要的通常是運氣——一個被低估且往往不被承認的因素。運氣是一次偶然的面談,讓你得到新工作。運氣是當主要競爭對手意外出狀況時,你剛好吸引到一批新客戶。運氣是在工作上從前任手中交接到一個很優秀的團隊。簡言之,運氣是旅途上的好夥伴但並非總是可靠。

我常因為好運而受惠。我曾擔任經濟學人書店集團主席(Economists' Bookshop group),這是一家連鎖學術書店。書店無法賺錢,我們試著藉由擴張來獲利。每次這麼做的時候成本就會增加,抵銷掉額外業績帶來的收益。其中一間書店位於倫敦,就設在地鐵沼澤門站旁,當時一個開發商想要在這個地點蓋辦公大樓,因此需要買斷我們的租約。我們賣掉租約所賺的錢比賣書賣二十年賺得還要多。每次我經過那棟大樓,就會想起運氣這件事。

正如《金融時報》一篇由提姆・哈福德(Tim Harford)撰寫、探討昔日股市明星與足球經理境遇轉壞的文章標題所言,「要分辨幸運與判斷,確實很難。」[3] 對於問題出在哪裡,他們各自的解釋都不一樣。一位足球經理被說成是「失去了掌控力」,另一位經理則被認為技能不再適用,第三位經理的解釋原因則是認為世界變化得太快。這些是運氣不好,或是判斷不佳?在每種情況下,都可能兩者兼而有之。

尤其是那些運氣好的人會歸功於自己善用好運。「我越努力工作,就越幸運」這句話常常被用在許多傑出人士身上,從美國總統湯瑪斯・傑佛遜到電影業大亨山繆・高德溫(Sam

Goldwyn）。路易‧巴斯德（Louis Pasteur）說過：「運氣是給準備好的人」，講的也是如何從運氣受惠，並善用運氣。你可以採取一些步驟吸引運氣，並在好運出現時善加利用。相較於坐在辦公室哀嘆自己的命運，走出門主動尋找新客戶或新的資金來源，更可能會有好運上門。李察‧韋斯曼（Richard Wiseman）在《幸運的配方》（The Luck Factor）一書中講到能提高好運的幾種方法。[4]

至於抱怨發牢騷，實際上我們聽過壞運氣導致失敗的例子更多，勝過好運帶來的成功案例。失敗需要找藉口，而我們更樂於把自己的優點和成功連結，很容易就忘記運氣這件事。

壞運氣有很多種形式：重要客戶無預警破產、怪天氣、非常資深的團隊成員突然生病。每一種都可能造成問題，甚至導致失敗。對許多企業來說，遇上新冠疫情是運氣差。以上所有例子都有意外這一項共通要素。

如果某件事不是意外發生，那這就不是運氣差，而是計畫不周。預期風險並能處理運氣不好的狀況，這都是良好管理的一部分，但如果影響非常嚴重，預期跟處理可能不足以避免失敗的發生。那些在新冠疫情爆發前幾個月才剛成立的公司，在一般情況下都能存活下來，但卻沒能撐過疫情。

為了說明好運與壞運、良好判斷與判斷失誤的各種組合，我們先從「判斷錯誤卻遇上好運」的例子談起。這可能是因為競爭對手意外犯錯，讓自己得以擺脫原本錯誤判斷的結果而倖存。也有可能是因為不想認賠並承認自己判斷失準，而持續持股一家快倒閉的公司，結果公司竟然意外被收購。或可能是一位企業家冒了太多風險而不自知，但幸好沒有任何事情因此出錯。另有可能像許多礦產與油田開發的情況一樣，原本遭遇致

命的成本上漲打擊,卻因商品價格上漲而得以脫困。

一個判斷良好卻運氣差的例子是在知道有可能會失敗並接受其可能性的狀況下,冒著計算過的風險,而事情也的確失敗了。另一種則是受到完全無法預見事件的衝擊:有些可能來自組織外部,像是政治行動、法規或稅務上的改變;有些則來自組織內部,像是重要同事在一場意外中喪生;有些會直接影響到我們個人。而很差勁的判斷可能是前任同事所做,但直到他們離職後才被發現,例如財務管控不佳,或可能是房屋測量師未能發現多年前購入房屋的問題等等。

無可避免地,壞運氣的問題在於事件是否能在合理情況下提前預見。問題可能像是軍事政變、輕度颱風、技術失誤導致計畫延誤等,往往被描述成相關負責人無法控制的壞運氣。但在政權不穩的國家,更可能會發生軍事政變。世界上某些地方可能不常出現輕度颱風,但其他地區則每年都很有可能發生。我們可以預期專案可能會延誤,因為知道類似案子往往會遇到相似的技術問題。不能總是用運氣差做為藉口,就像我們也需要承認成功是因為好運。

時機的角色

時機則是另一個為什麼成功不一定是判斷良好的原因。通常要經過一段時間差勁的判斷才會浮現,所以決定事情成功與否和我們何時做評斷有關。週一時,由於一切進展順利,我們的判斷可能看起來很棒。到了週三可能因為發現使用的資訊錯誤或由於意外事件發生,導致一切都出了錯,此時我們便看來缺乏判斷。誰知道到了週五我們會怎麼看?

這樣的問題可能會影響到整個產業。包括安邦保險、大連萬達、復星在內的一群中國企業曾一度被視為是中國企業集團的閃亮新星，直到這些企業因為過度擴張且債台高築而瓦解，就像其他國家的許多企業集團一樣。幾年後，某個產業同樣出現了信貸擴張的問題。這次是房地產業，兩個最龐大且最知名的企業恆大集團與碧桂園雙雙深陷泥淖。

有許多領導者下台後真相才浮現的故事。像是美國跨國綜合企業奇異公司的 CEO 傑克．威爾許（Jack Welch）的例子。他在任時曾被選為年度、十年間，甚至是 20 世紀的優秀企業領導人。但他在二十年後過世時，訃聞卻非一片讚揚，內容形容他是一個「從未自我懷疑」的人，是「過往專橫執行長時代的象徵」。[5] 他的繼任者傑夫．伊梅特（Jeff Immelt）發現任內許多因為威爾許判斷錯誤捅下的簍子，包括「拓展至金融服務業後埋下的定時炸彈。」[6]

時機的影響不只顯現在整體組織。2005 年德州煉油廠爆炸，奪走 15 條人命，就是一個未能採取必要行動導致的災難。原因清楚記錄下多年來這間煉油廠幾任負責人在安全相關措施都投資不足，並且將生產力和利潤放在安全之上。

華倫．巴菲特（Warren Buffett）常被引用的比喻「直到潮水退去，你才知道誰在裸泳」就是一個鮮明的說明，這是為什麼連結成功與判斷如此困難的另一個原因。只要房地產價格一直攀升，利率維持較低，一位冒著極高風險的房地產投機客看起來就像個判斷絕佳的天才。一旦市場崩壞，房地產喪失流動性，利息付不出來，天才的資金也會燒盡。

雖然判斷不是成功的萬靈丹，還是能將成功的結果連結到針對重大議題的單一優秀判斷，或甚至是好幾個良好判斷抵過

好幾個差勁判斷。巴菲特（極為罕見）的長期投資成功經驗就是一例。在如此長的時間範圍內，投資管理界這樣的例子屈指可數，但值得一提的是，他的投資表現通常是以非常低的基期來衡量，而他也並非總是能擊敗市場。

時間可能也會揭露出本來看似成功的事物，其實只是操弄數字的結果。在安隆公司醜聞爆發前，傑佛瑞‧史基林（Jeff Skilling）被視為非常成功的領導者。但表面上的成功卻被發現是基於偽造的結果。安隆的財務長安德魯‧法斯陶（Andy Fastow，醜聞案爆發之前才被選為年度最佳財務長，是另一個時機如何影響我們看待成功與否的鮮明例子）告訴我，只要合法，誤導性的文件都會被批准。他表示他的工作顯然就是要利用任何漏洞、做包括誤導在內所有必要的事，以提升公司價值。

良好的判斷未必帶來成功的結果

我們很難連結判斷與成功與否的正負向關係，有幾個原因包括：

- **成功的定義對每個人來說都不一樣。**大幅加薪對員工來說可能很棒，但對股東卻不是好消息。大手筆發放股利對股東可能是好事，但卻會危及未來的投資，這對員工來說可能是壞消息。

- **成功故事會受倖存者偏差而異。**我們會聽到那些倖存者的成功故事，但失敗的人可能已不在或不願意分享。因此，成功或失敗的證據往往不可靠，就如同諺語所說：「成功的人受到簇擁，失敗的人獨自承擔」。幾年前，

我面試一位應徵者,他將目前工作所有成就都歸功於自己,但很明顯那些成果都是前任促成。面試官同意他將一切功勞都攬下是缺乏判斷的行為,這位應徵者最後沒有得到工作。

◆ **缺乏反事實的思考**:如果我們做了不一樣的判斷會發生什麼事。我們都知道馬克·祖克柏(Mark Zuckerberg)在成立 Facebook 兩年後拒絕了一樁十億美元的併購,這個決定是正確的,因為我們都看到事情後來如何發展。在葛妮絲·派特洛(Gwyneth Paltrow)主演的電影《雙面情人》(Sliding Doors)中,影迷可以體驗另一種結果的想像,故事述說兩種可能性下截然不同的命運。第一種情境中,女主角在地鐵車廂車門要關上之際趕上。另一種則沒有。但事實上很少有反事實的選項。如果我因為忙著追本身工作進度而決定不要參加業務旅行,我永遠不會知道業務旅行會達成什麼,選擇「追進度」到底比較好或比較差。或者如果我雇用某人後發現對方不適任,我拒絕的其他應徵者可能不會都比較好。除非在極少見的情況中,兩個同樣的活動或專案同時開始進行,不然很難知道其他選項是否更成功或更失敗。

◆ **其他因素的影響可能會勝過缺乏判斷的影響**。例如在特定情境中,努力工作或溝通能力優秀等其他因素或許能彌補缺乏判斷的影響。而且如果其他都不成,誰知道呢,你可能運氣很好……

當然,還是會很容易想將判斷與成功做連結,但這樣的連結可能比一開始所想還要不清楚。在這樣的狀況下,判斷與成

功的關聯可能與任何其他單一要素與成功的連結都差不多，不管是技巧、個人特質、基因組成或任何其他要素。俗語說：「早睡早起的人會變得健康、富裕又睿智」。嗯，不盡然。早點上床睡覺可能會讓你早上神清氣爽，覺得自己很棒，但無法抵銷缺乏判斷造成的影響。

　　判斷力的重點在於遵循一套提升成功機率的過程，而不是盯著「損益表」，想當然地認為它能告訴你所有關於判斷品質的資訊。甚至在科技領域都是如此：「電腦科學家會分辨過程與結果。如果你盡自己所能遵循最佳可能過程，結果事情不如所願就不該再責怪自己。」[7] 在電腦科學中，如同在判斷力的運用上，關鍵在於如何讓情勢對自己有利。

第二部

判斷框架六要素

在開始檢視框架前,我要先回答一個你可能遲早會問的問題:要增進做出良好判斷的機會,是不是代表要做到判斷框架的所有面向?或者盡可能做到越多越好?答案很明顯。可能的話,最好全部做到,但做到一些比做到一項好,越多越好。

若要幫助判斷某件事是否重要,還有另一個值得問的問題:你面對的風險或代價有多高?如果對你或組織來說代價很高,盡可能涵括到框架的越多要素越好,這一點很重要。代價最高的狀況是你需要在法院、對監管單位或你的老闆辯護自己為什麼做了這樣的選擇。如果是風險或代價可能較低的日常事務,遵循框架能幫助你做好選擇,雖然這通常較不重要。

04 知識與經驗

明智的判斷來自經驗,而經驗則源自於差勁的判斷。
—— 艾倫·米恩(A. A. Milne)、威爾·羅傑斯(Will Rodgers)、麗塔·梅·布朗(Rita Mae Brown)等許多其他人

判斷框架

```
2. 覺察     1. 知識與經驗     3. 信任
                ↓
           4. 感受和信念
                ↓
            5. 選擇
                ↓
         6. 執行(決定)
```

61

如果要談到相關知識與經驗不足的極端例子，新冠疫情就是一例。對我們大部分人來說，一個沒人聽過、理解如何傳播的疾病把全世界弄得天翻地覆。難以想像的世界成真，並對個人移動祭出全面限制。那些曾經歷過新冠疫情的人將永遠無法忘記。

就像對幾乎所有其他不熟悉的事物一樣，疫情一爆發的第一步就是尋找類似的案例。很快地，許多案例看來都不太適切，包括1918年的大流感（同樣大規模但當時的醫療知識則少得多）、2007/2008年的金融危機（同樣破壞力龐大，但起因和影響則不同）。的確，有一些國家比較熟悉新冠疫情帶來的影響，他們曾經歷過2002-2004年主要在亞洲爆發的嚴重急性呼吸道症候群（SARS）和2015年肆虐的中東呼吸症候群（MERS）。他們了解需要進行個人保護及大規模疫苗施打。但就算在當時也不清楚和SARS及MERS類似的疾病是什麼，差異又在哪裡？因此，相關死亡與疾病的模型備受質疑。

當時科學家對於類似案例為何意見分歧，也難以提出建議，大眾意見也分歧，有些人認為提出的防疫措施威脅到個人自由，其他人則堅持這些限制措施有其必要性。於此同時，政客以各自不同的方式試著處理這個未知的挑戰。在紐約，州長安德魯·古莫（Andrew Cuomo）表示：「沒有人能告訴你這一切何時會結束⋯⋯沒人能告訴你何時能回去工作。」[1]在不遠的華盛頓，川普總統則說大家應該兩週內就能回到工作崗位。

運用相關知識與經驗的挑戰

如果新冠疫情代表一個知識與經驗都稀缺的世界，在正常

無疫情的生活中,我們在做判斷時可以仰賴自身累積的知識和經驗,不管是如何為複雜的金融商品定價或最棒的上班路線。在做決定或形成意見時,對某人、某個主題、某個情境或某個組織的熟悉度都是一大優勢。很重要的假設是我們真的會用經驗去學習。我們可能會因為特殊需求、缺乏回饋、不敏感或缺乏瞭解而遭遇阻礙。如果是這樣,我們需要為自己和其他人察覺到這些障礙。

就算在並非完全熟悉的領域中,缺乏知識或經驗通常也不構成問題。我們在日常生活中已習慣面對新情況、新的人與新事件。這些讓生活變得有趣,我們也習慣處理因此產生的挑戰。我們會問問題、請教同事或查找資訊。我們可能在沒有所有資訊的狀況下做出選擇,或可能等待觀察事情會如何變化。我們不太在乎知識與經驗的落差,在知道事情可能出錯的狀況下甘冒風險,因為風險通常很低。當事態嚴重、風險高、我們無法對結果輕鬆以待時,問題就來了。來看看一些缺乏知識與經驗而產生問題,並需要運用判斷的情況,先從我們握有的資訊來看。

我們得到的資訊

你會希望餐廳菜單同時附上卡路里計算,提供你足夠的資訊,點你應該吃的食物嗎?或你寧願不知道?這裡有些好消息和壞消息。一項針對特定菜色做的卡路里研究顯示,這些菜色通常和獨立實驗室測試的卡路里結果不一樣。[2] 不僅如此,不是所有的卡路里都是透過同樣方式計算。在一項測試中,牛臀肉測出的卡路里比菜單上還多出 36%,馬鈴薯泥則少了 42%。

而以上都是來同一間餐飲連鎖店。

我們需要資訊來做判斷，卡路里計算的例子顯示每一天都會遇到資訊上的挑戰。而風險因子始於沒有正確資訊幫助我們做出選擇。在工作上，可能是針對想推出的新服務給出不確定的成本估算，或在市場動盪下提出的產品銷售展望。在家則可能是試著找到新家的排水問題，或不知道孩子們新學校的教學品質。

首先，得到的不一定是我們需要或相關的訊息，我們的收件夾塞滿了我們現在和未來都不會需要的東西。而且往往有巨大的落差。舉新聞為例。我們希望內容大部分都報導我們居住國家發生的事，但很多國家卻因為沒人播報而沒有任何報導。一如經濟學家提姆・哈福德所說：「英國掌握著大量關於紐西蘭、美國以及英語流利的瑞典的資訊。來自南韓或越南的消息感覺則像是來自另一個星球。」[3]

每一天，工作上往往有龐大的資訊量，能處理大量日常文件、訊息、電子郵件和會議的時間卻很有限。吸收資訊很困難，令人難以專注。問題不只在於龐大資訊量帶來的壓力，以及需要從生活中無用資訊揀選出必要事項。在充斥許多術語及對讀者或聽眾理解程度的假設下，資訊本身可能就不清楚。有些資訊可能一開始就是故意要讓我們做下定論、誤導我們，甚至欺騙。你曾多少次這樣的經驗：看到廣告內容好到不像是真的，並納悶哪裡有詐？

你可能資訊上癮，但再好的東西可能也不能過多。曾經身為某間上市公司的執行長，我記得當時在每月例會前要讀上百萬字的文件。但不管是幾百頁的資料、一百頁的簡報或四小時沒有中場休息的會議，都很難投注必要的專注在手上資料，讓

人見樹不見林。資訊過多會影響做出良好判斷的能力。

　　資訊太少也是問題。在進行複雜困難的選擇時，一個常見的主題是「我們沒有足夠資訊做決定」。如果你想要避免做出這樣的選擇，或總是在拖延，幾乎都有這樣的狀況。但有時候資訊真的太少。假設你要買新科技產品。你手邊可能沒有正確的資訊幫助你判斷這台機器的功能，往往因為對該領域不熟悉，加上你不知道應該對產品有哪些要求。

　　資訊太少時很難判斷，確實比資訊過多更困難。當然，沒有所有相關資訊很可能會做出更差的判斷，但我們想要的是在有限時間內得到足夠資訊做出選擇。做判斷時把所有因素都考量進去有其風險，因為花這麼多時間搜集所有資訊，做出選擇時可能太遲，已不再適用。就理論上可能是好的判斷，但實際上不然。

　　我們從經驗知道要找到太多與太少資訊間的折衷平衡並不容易，也不太可能有機會證明多少資訊正確或錯誤。經驗也告訴我們，由於人生並非井然有序，做判斷時很少能得到所有可能資訊。在我們試著決定是否要買一輛看起來真的很划算的二手車（「為什麼這麼便宜呢？」）或甚至選擇度假時冰淇淋要吃草莓或覆盆子口味，都要注意並了解大部分的判斷有時間限制，獲得的資訊也不完整。

　　對於資訊不足或過多的彌補方式應該很直接了當。我們獲得的許多資訊都來自體制系統，產製資訊的人認為自己的角色是滿足使用者需求，而不是提供一大堆沒處理過的數據，或態度防衛地回說：「我們一直都是這樣產出資訊」。但不能全怪資訊提供者。我在許多組織的經驗告訴我，資訊品質不佳是因為那些需要資訊的人並沒有要求獲得所需資訊，或抱怨拿到的

04 知識與經驗　　65

資訊,所以資訊提供者不知道提供的資訊並不夠好。

一般來說,要處理資訊量過多的情況,首先應檢視如何限制獲得的資訊,不管是簡報頁數或簡報時間。頁數或時間更多更長可能會讓寫作者或報告者感覺更好,但並不代表這樣做就更好。我有次為董事會準備資料時獲得四個指導原則,一直覺得很受用:運用判斷做出清楚的建議;內容簡潔,限縮在六頁以內;知道目標讀者是哪些人,以正確的形式為這些人撰寫;用簡單明瞭的語言,不要使用行話。

為幫助吸收資訊,要確保你能記得內容。而要做到這點,別因為自尊心太高而不願使用許多現成技巧。例如,可以將資料印出來,而不是全部透過螢幕呈現。查爾斯・杜希格（Charles Duhigg）在《為什麼這樣工作會快、準、好》（Smarter, Faster, Better）中教大家如何更有效地利用獲得的數據、吸收經驗裡蘊藏的洞見、利用現有資源善加運用獲得的資訊。[4] 他引用研究說明,記筆記或許比打字慢,效率也較差,卻能幫助記憶。[5] 在會議前和其他人討論資料內容能釐清議題,在討論時也更容易介入。重點是找到對你最好的方式,改善這方面的覺察。

如果你覺得自己得到的資訊永遠都不夠,就要變得更實際。在找尋答案時,要知道你需要的是什麼。針對相較之下比較小或需要立刻解決的問題一直不斷查找背景資料並沒有意義。另一方面,在風險很高的狀況下,於必要時找他人一起徹底搜尋相關資料則非常重要,例如有嚴重法律或名譽風險的情況。

當一個團體獲得資訊時,主席（或主導團體者）特別有責任要讓所有與會者獲得所需的資訊。主席的另一個重要工作則

是確保團體中所有成員都獲得同樣的資訊，因為團體意見分歧，導致資訊被特定個人或群體隱匿。舉例來說，在董事會中，執行董事與非執行董事所獲得的資訊可能有重大落差。我記得之前擔任某間公司非執行董事時，當時的執行長非常積極想拓展公司，並向所有人隱瞞風險的重要資訊。直到過度樂觀的預測差點讓整間公司破產，這件事才被揭露。執行長因此辭職，公司後來被想低價買下市占的競爭者併購，因此免於倒閉。

我所見過準備得最好的委員會開會資料之一是會議開始時的一張摘要，內容列出要討論的重要事項。將重點聚焦在重要事項上。

我們不知道自己不知道的事

最有可能導致判斷不當的，就是可能帶來重大風險的全新事物。想想你第一次做的某件事或甚至很少有機會做的事，例如買房或買公寓。在職場上有非常多類似情況，像錄取後決定是否接受這份工作，或在不熟悉的市場依據未驗證的技術來評估一項專案。

更困難的是在沒有意識到自己不知道的狀況下做出判斷。馬克‧韋德（Mark Wild）被指派擔任倫敦當時尚未完成的橫貫鐵路計畫執行長時表示：「開通時程還不確定。前任管理者從來都不了解這個不確定性。」[6]

我們也可能高估自己的知識和經驗範疇。例如，許多公司試著到其他國家拓展市場後失敗告終，因為它們誤以為這就像是在數千英里外的本土市場拓展，而這類例子比比皆是。滙豐收購墨西哥銀行 Grupo Financiero Bital 後災難性的發展就是一

例。在《滙豐全球大案》（Too Big to Jail）一書中，克里斯・布萊克赫斯特（Chris Blackhurst）說明滙豐趕在其他公司出手前買下墨西哥銀行的挑戰：「在急著不想錯失機會的情況下，所有對於墨西哥這個國家、其貪腐與犯罪的焦慮擔憂、滙豐對該國缺乏專業知識的恐懼――八年前所有被認為會構成問題的擔憂都被置之腦後。」[7] 後來滙豐被發現為毒販提供洗錢服務，高層多年後才發現，並因此引發聲譽及金融上的大災難。

透過相關經驗做出更好判斷

你到一間新公司工作，無可避免地必須學會該公司實際運作的方式，才能在新環境自信立足。舉你第一次做年度預算為例。你要編列想要的項目，並仰賴該項目是否足夠有力來獲得預算？或是否列出比所需更多，因為編列的項目總是超出公司資源，所以會被砍一些回來？或者會不會出現這種問題：你成功拿到更多預算，結果發現不需要多出的部分時，拿到額外不需要的資源會讓自己陷入麻煩？那些已經在公司待好幾年的人知道怎麼玩這個遊戲。菜鳥可能要花一些時間才能正確判斷該如何編列預算。

由於良好判斷其一個關鍵要素就是相關經驗，隨著我們經驗增長，判斷力應該也會增強。對於新的領域可能需要接受訓練、向同事學習、接受導師指導或輔導（圖 4）。

不過有些經驗老道的人判斷力卻很差，有可能是因為有經驗並不一定都是好事，可能增加自信卻沒有提升技能。而有經驗也可能導致我們不會太注意新判斷相關的因素，因為我們把太多重點放在自身所有的經驗上。理查・波斯納（Richard

圖 4　隨職涯經驗增長判斷品質提升

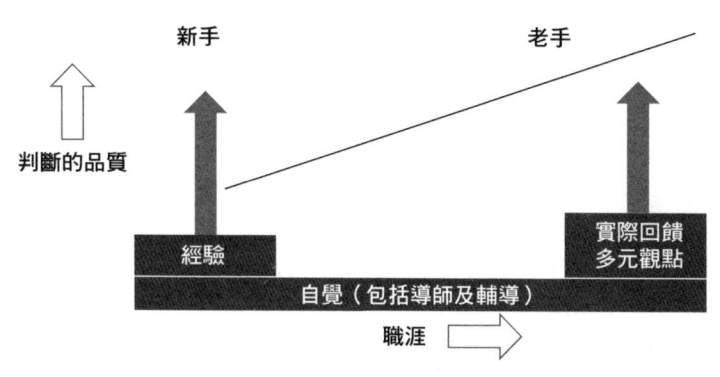

```
判斷的品質 ↑
              新手 ↑                    老手 ↑
                                        實際回饋
                                        多元觀點
              經驗
         ─────自覺（包括導師及輔導）─────
                   職涯 ⇒
```

Posner）在提到美國的法官時寫道：

> 有經驗的人往往因為自身經驗而能做出「好的判斷」，雖然這些經驗大部分都忘了，在處理挑戰時仍是可取用的知識來源，因為新的挑戰並不新奇，它們與先前的挑戰相似。在美國的體系中，大部分的法官都非常有經驗；大部分是中年或年紀更大……他們的經驗增進他們的直覺……法官的經驗越多，在新案件中所做的決定就越不容易受到該案件中證據與論述的影響。[8]

更糟的是，如果出現過度自信、自滿、壞習慣或感到無聊的狀況，我們的經驗便無用武之地。我們也可能因循守舊，導致自身知識變得過時，或不願自己的觀點受到挑戰。經驗太多帶來的過度熟悉感有其危險。在以上這些狀況中，判斷品質可能會隨時間而下滑（**圖 5**）。對於傑出卓越的人來說則不會如此，優秀人士會避免自己出現此傾向，並確保自己採取必要補

圖 5 隨職涯經驗增長判斷品質下滑

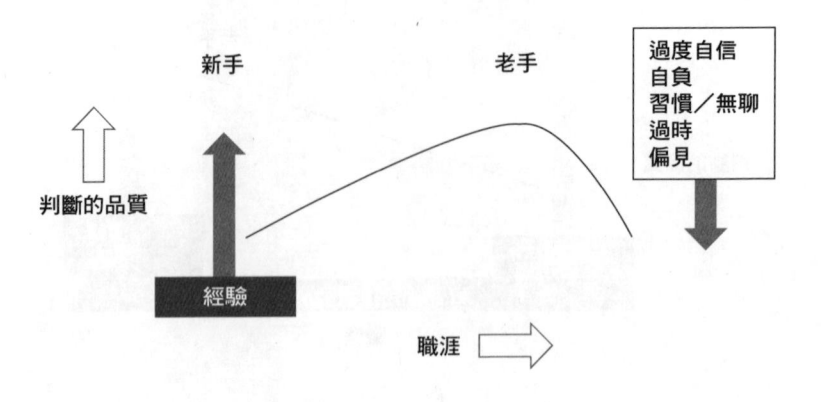

```
判斷的品質  新手      老手      過度自信
                                自負
                                習慣／無聊
                                過時
                                偏見
           經驗
                 職涯
```

救，像是獲得即時反饋、鼓勵多元觀點。

透過類比或比較做出更好判斷

使用知識和經驗去類比、比較、替代、概括等方式往往是判斷的基礎。但我們在使用這些方法或這些方法被其他人使用時，一定要小心。就如同本章一開始提到新冠肺炎的例子，我們需要避免將現有情況與過去已知的另一個情況作類比。當其他人這樣使用時，比較的基礎需要接受質疑，尤其如果是用來合理化一個薄弱的論點。要小心的說法包括：「就像上次我們⋯⋯」比較最好被用在質問假設、凸顯差異，而不是做結論。

此處重點不是我們有沒有經驗，而是經驗是否相關。有可能大家沒有意識到使用的經驗或知識並不相關。把所有的情況都用相同的方式處理，就像是把所有同事都當成同樣的人，這兩種做法都不對。

情感上的類比，尤其是和之前的景氣循環或軍事活動做比較，對於那些沒有自覺的人也是一種陷阱。在冬天一個濕冷週三喚起大家對偉大勝利的情緒或許能提振士氣，但那些相信軍事比喻最適用於商場的人應該要謹記，戰場和商場並不一樣，在戰場上做判斷的指揮官沒辦法為了召開委員會會議而在戰場上持續撐著。[9]

弭平落差：邀請他人參與

職業撲克玩家安妮・杜克（Annie Duke）曾說過：「我們的人生苦短，沒有辦法從自身經驗搜集足夠的數據」。這句話提醒我們，我們永遠都無法知道所有一切。[10] 遇到自身知識上的複雜落差並迅速上網搜尋不成後，我們之中很多人都會轉而詢問其他人。詢問的形式從快速聊聊到成立正式小組都有。

因為團體會從不同的來源蒐集經驗，可想而之組織往往偏好用這種方式縮小知識上的落差，同時也有實際上和政治上的原因。但團體可能沒有好的人帶領、運作得零零落落、未能獲取團體中成員的知識與經驗。第十四章會進一步詳述這部分。

如同其他形式的資訊，重點在於清楚需要的是什麼。如果同事幫不上忙，下一步往往是尋求外部專業人士，例如顧問。在對的情況下，這些專業知識能幫上大忙。但這樣的協助可能很昂貴，也須小心不要仰賴外部人士做為長期問題的暫時解方。請暫時的顧問公司解決 IT 問題，很容易就成為長期的外包工作，成本高昂；過渡期暫時指派的 IT 人員或許能解決問題，但這位指派人員離開時也會將所有累積的知識一併帶走。

弭平落差：改善能力

如果你不知道落差為何，就沒法縮短知識和經驗上重要的落差。這在新工作通常很明顯，而且在面試時可能就討論過。但職場上很多人（包括工作做了很久的人）出現這樣的落差卻不自知，更不用說還有人覺得自己沒問題，別人才需要弭平落差。

要如何發現落差呢？首先，應該先進行檢視。舉例來說，這可能代表用年度評估找出強弱項及可能性。可能代表有些人不參與財務上的討論，因為他們沒有需要的知識。或者有人急著在策略討論上貢獻己見，雖然他們沒有所需的經驗能提供有用貢獻。也可能是有人對於市場的討論能提供許多想法，但團隊另外一位成員被視為是該議題的專家，導致這位成員無法發揮。

顯然最好在落差形成問題前找到並弭平知識上的落差。需要知道更多關於 AI 的資訊嗎？要找到資料、報名繼續教育課程、聘請專家等都不難。預期新領域的工作機會？你可以申請短期調派至另一個組織，或公司的另一個部門，讓自己做好準備。當然，可能會有技術、知識或經驗都不需要的風險，但投注的時間不太可能平白浪費。從短期調派中，你不僅直接有所學習，這個經驗也能幫助你在往後職涯做出更好判斷。如果你想跳槽，這個經驗可能會增加你履歷含金量，更別說藉此顯示你是個樂於學習的人。

最後一個關於知識和經驗的例子與職涯選擇有關。這是一個非常難判斷的領域。年輕人通常會仰賴父母、老師、朋友。幸運的話，這些人會把當事人的利益掛在心上，會有足夠的知

識和經驗提供好的建議。但實際情況並非總是如此。父母要不是常常建議子女選擇和自己一模一樣的道路，藉此鞏固自己的選擇，要不然就是因為痛恨自己的職涯道路，警告子女不要踏上一樣的路。職涯顧問和其他認識的人則有望補充一些不足之處。但年輕人會受到不同熱情所推動。我記得自己曾經想成為都市計畫師，現在我則知道這條職涯道路完全不適合我。幸好，我當時申請相關研究所課程時被拒絕了。

05 覺察

所有人都抱怨自己的記憶力,但沒有人抱怨自己的判斷力。
—— 法國作家,法蘭索瓦·德·拉羅希福可(La Rochefoucauld)

判斷框架

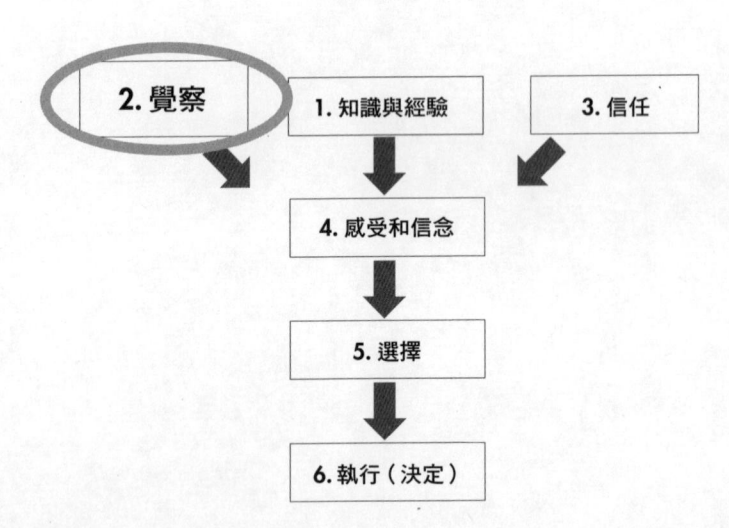

```
    ┌─────────┐   ┌─────────────┐   ┌─────────┐
    │ 2. 覺察 │   │ 1. 知識與經驗│   │ 3. 信任 │
    └────┬────┘   └──────┬──────┘   └────┬────┘
         │               ↓               │
         └──────→ ┌─────────────┐ ←─────┘
                  │ 4. 感受和信念│
                  └──────┬──────┘
                         ↓
                  ┌─────────────┐
                  │   5. 選擇    │
                  └──────┬──────┘
                         ↓
                  ┌─────────────┐
                  │ 6. 執行(決定)│
                  └─────────────┘
```

我當時在倫敦商學院教一堂由瑞士藥廠巨頭羅氏（Roche）合開的一門課，一起教課的是羅氏的一位部門財務長賽佛林・施萬（Severin Schwan）。那時對於他竟然願意傾聽並吸取同事的看法，我感到很驚訝。他會等到同事都講完想說的話才回應，他沒有給標準回答，或回覆一個他在同事發言時想到可以把問題岔開的回答，而是針對他們的發言直接回覆。這不是他唯一展現出的良好判斷特質，所以看到他幾年後成為整間公司的執行長，也不令人意外。

傾聽並吸收理解資訊的能力，對某些職涯是很重要的特質，包括那些爬到最高職位的人。那些認為只有講話才重要的人可能會覺得意外，畢竟有許多報導讚揚那些意見強烈的領導者，進一步鞏固這樣的觀點。相較之下，當在內部一路打拚的喬詹生（Lars Fruergaard Jørgensen）被指派為丹麥藥廠諾和諾德（Novo Nordisk）新任執行長時，他被《金融時報》形容為「終其職涯偏好傾聽的人」。[1] 2023 年，這間公司因為研發出他個人支持的減重藥 Wegovy，直接成為歐洲市值最高公司。諾和諾德基金會的董事長提到，當時由他做出判斷──「他把自己都賭上了。」一位分析師寫道：「他沒有把自己變成組織門面，大家真的都相當樂見。這是關於諾和諾德，而不是他。」[2]

覺察的能力實際執行上比字面上更難。我們很多人都不會聽別人告訴我們的話──真正的傾聽。這需要付出努力，而我們很容易就分心。我們的思緒會飄走，想著今天晚餐吃什麼，或我們的伴侶是不是真的愛我們。凱特・墨菲（Kate Murphy）在《你都沒在聽》（You're Not Listening）一書中點出：「對於你不同意的人，在聽他們講完話之前，很難控制自己不衝出來反駁。」沒錯，「我們幾乎難以克制自己，因為我們

根深蒂固的信念受到挑戰……感覺像是生存上的威脅」。[3]當我們焦慮著想要創造好的印象或看起來聰明之際，我們想的是精心設計的回應，或致命的反駁，而不是給予對方所有的注意力。我們過濾掉不想聽的內容。所以我們會錯過重要的線索，包括缺少的部分。前軍情五處局長女男爵埃莉薩‧曼寧漢姆－布勒（Baroness Eliza Manningham-Buller）告訴我：「沒說的話和說出來的話一樣重要。」

然而，賽佛林‧施萬、喬詹生耐心傾聽的例子還不夠。覺察包含主動使用所有感官。代表吸收理解說過的話，思考其意涵。代表將其與我們的期待做連結，藉此檢視哪裡不一樣，原因又為何，包括察覺哪些沒說、沒有被看到或被聽到。這也包括肢體語言以及從行為上得到的非口語線索。福爾摩斯的許多故事講的都是這位偉大的偵探如何以這種方式運用其感官。

沒有察覺到少了什麼可能引發嚴重後果。那位顧客該支付的款項為何遲了？那家供應商該送的貨為什麼慢了？鮑伯為什麼不在辦公室，而且最近總是找不到人？柏納‧馬多夫（Bernie Madoff）設下騙局卻能逍遙法外這麼久，其中很多線索都被錯過了。其中一個線索是來自監管機關極初階的調查員上門調查時，只有馬多夫一個人應對他們。一位資深人士面對面與調查人員接觸，非常不尋常。這只是情況不對的其中一個警報，但就像其他警報一樣，這一個也被錯過了。

覺察力不僅對於發現騙局很重要，對於好的企業治理也非常關鍵。幾年前，我參與的一個小組要雇用新的公關公司。進入最後面談的其中一間公司有 20 分鐘時間，由於他們已提供所有書面文件，因此被告知不用做簡報，所有時間都用來回答問題。然而，來提案的負責人花了將近一半時間誇誇其談。他

們離開後，面試的其中一位同事表示：「如果他沒有接收到如何提案的信號，那他還會錯過哪些其他信號？」他們還沒離開房間就失去了這筆生意。

　　覺察力同樣扮演重要角色的另一個領域是設定績效目標。如果目標設得太高，會出現沒達成將造成大家失去動力的風險。如果設得太低，則有表現不佳的危險。將目標設得稍微高一點但仍實際，這可能比較理想，不過需要了解參與者在組織文化中會如何回應，才能讓理想變得可行。

　　覺察的能力特別重要，因為在做判斷時一定要考量到情境，不能在不了解情況是否相同狀況下，假設我們已知的將適用於新的情境。我們知道適合印度一間家族企業的方式，不會適用在美國的一間上市公司，或者適合慈善機構的做法，對投資銀行則不然。覺察能力會告訴我們情況有差異，並引導我們採取應採行的行動。

　　對於那些在現有崗位已經工作一段時間的人來說，沒能察覺到重要信號是很常見的問題。隨著領導者越來越成功，也可能會陷入更難以察覺周遭情況的危險。有非常多的領導者會逐漸變得脫節、只察覺到合他們意的、只聽那些同意他們的人說的話。受到同事讚美所蒙蔽（如果組織做得不錯，還會受到媒體褒揚而蒙蔽），他們覺察的能力也變得越來越差。當一間公司資深合夥人因為自身立場越來越「站不住腳」而辭職時，一家報紙報導部分員工「表示他的風格落伍且粗魯，已經與公司嘗試創造更包容氛圍的做法脫節」。一位前處長形容其風格「強硬且氣勢凌人：『我最大，你只有聽的份』」![4]

資訊的角色

　　好的資訊品質對判斷很重要。就覺察能力來說，我們需要了解獲得資訊的品質，才能有信心地使用這些資訊。資訊搜集的方式可能會造成問題——想一想，相較於那些很難找到又費力才能取得的資料，有多少資訊是來自現成可用且容易填寫的顧客回饋表單。

　　資訊品質不佳可能指的是資訊呈現方式對覺察沒有幫助。有可能呈現者不了解自己呈現的內容，或者不知道正確資訊為何。機器程式如果沒有涵括某項議題或程式撰寫者的理解不足，也可能會出現這種問題，並提供錯誤或誤導的答案。資訊品質很差還可能是因為不知道到底在找什麼，或因為沒有時間，抑或是根本不想去找。

　　資訊品質差不只是文件或簡報。我認識一間金融機構的資深經理（我將稱他為賽門），他負責處理與監管機構相關業務。他跟同事說自己和監管單位的關係很好，雖然他們知道監管單位常常挑剔該公司。直到收到監管機構寄來的警告信，公司才意識到因為賽門沒有能力了解實際狀況，很可能造成災難性後果。

　　在此案例中，賽門了解監管機構對公司的要求，但自以為在應對過程中很機敏，才會告訴同事一切都在掌控之中。負責團隊在最後一刻成功挽救，讓公司不至於被審查。賽門因此離職，但這個團隊也不是全然無辜。他們後來承認早該發現事情進展並非一帆風順，因為賽門當時一直諷刺監管人員的能力，還吹噓自己「避開」他們的技巧很好，而這點也涉及到倫理上的判斷。

改善覺察力

「認識自己」（Know thyself）是 2500 年前刻在位於希臘德爾菲（Delphi）阿波羅神殿（Temple of Apollo）上著名的一句話，此箴言持續流傳幾世紀。在判斷力的情況中，首先要了解一個人覺察的能力。在我們人生中有各種覺察的方式，從我們的父母開始，接著是教育、經驗、（幸運的話）來自朋友及同事的回饋。來自教練及實用的年度評鑑則更為系統化。

在私人生活中，不管是與他人關係、自身經驗與環境，我們都了解覺察的重要性。我們在品嚐、嗅聞等感官的覺察力影響了我們選擇吃什麼、喝什麼。在衣著上，我們可能更在乎別人覺察到了什麼（「是新的嗎？好時髦」）。

相較之下，我們不一定總是能了解到職場上覺察力的重要性。但就像幾乎所有人都認為自己的駕駛技術在平均水準之上，我們也很容易以為自己的覺察力在平均之上。統計上來看，我們不可能全部都在平均之上，而這點也適用於覺察力。舉例來說，你注意過自己在聽廣播時，如果節奏加快，你冒險的傾向也會提高嗎（例如闖黃燈）？[5] 在職場上，「認識自己」意味著了解自己的強項與弱點，因為我們不能將覺察力視為理所當然，就算是那些了解其重要性的人。

這並不容易。如果你想要認識自己，甚至看看自己的覺察力是否高於平均，你會怎麼做？我們通常不會評比自己的覺察力，在選單上也不會被列為應有的特質之一。同事通常不會針對這點給我們回饋。在評鑑時針對這點得到好的回饋很罕見，如果我們真的想要改善，通常也沒有關於覺察力的課程可以上。

一種方法是在改善自身能力過程中，順便得到洞見，像是360度績效回饋的結果。這裡主要目的是藉由獲得上級、直屬主管、同事等的意見與建議來改善績效表現。但也可能從回饋直接改善覺察力。有請教練的人可能也適用，教練在過程中可以鼓勵專注提升覺察力。

另一種做法則是讓身邊有對的同事幫助我們覺察到自己該知道的事情，藉此提升覺察力。不管一個團隊多麼優秀，在針對專屬女性推出的產品或服務時，一群只有男性組成的團隊很難做出判斷。而針對時尚變化或科技如何影響消費習慣等的影響時，團隊中若缺乏年輕成員將很難做出回應。像是許多行銷團隊在面對從傳統通路轉移到社群媒體的變化時就遇到困難。

最後，有一些幫助自己改進的做法。刻意觀察自己能獲得一些洞見。和曾經共事或信任的人聊一聊，請對方告訴你實話，也能獲得更多資訊。

我們不見得在所有覺察的面向都做得很好或很差，不同感官的覺察品質可能也不同。有些人很快就能接收到視覺上的線索，有些人則很容易錯過明顯的信號。有些人很擅於傾聽，有些人則不然。改善覺察力將是一趟個人的旅程。以下有幾個旅途上的指引。

提升觀察力

首先，有個人是覺察藝術的最佳模範──小說偵探福爾摩斯。在亞瑟·柯南·道爾的故事《銀斑駒》（The Adventure of Silver Blaze）中，倫敦警察局局長格雷哥利問福爾摩斯（福爾摩斯才剛解開一個夜間入侵者沒有被看門狗攻擊的謎團）：「有

沒有哪一點你特別想提出呢?」「夜間那隻狗的奇怪反應,」福爾摩斯回答道。格雷哥利說:「那隻狗晚上什麼都沒做⋯⋯就是這點奇怪。」福爾摩斯解釋說:「我知道看門狗為什麼都沒叫⋯⋯看門狗對夜間入侵者很熟。」

我們沒有辦法全都變成福爾摩斯,但我們每一個人都可以透過練習觀察改善判斷力,麥斯・貝澤曼教授(Max Bazerman)將此形容為「一流覺察者」。[6] 觀察是某些職業非常重要的一環,例如醫療及法律的工作。但觀察的能力對其他各種職業也非常重要,不管是獵人頭顧問、間諜、邊境哨兵、品管人員。尤其是在察覺到情況有異的時候。一如凱特・墨菲所說:

> 回想你過去被騙的經驗,如果你能誠實面對,你會發現自己可能忽略或選擇忽略某些事。語氣太過急促。事情兜不起來。你問問題時,對方語氣顯露出的敵意或惱怒感。對方的臉部表情和說出的內容不太一致。有一股說不出來的奇怪感受。[7]

在法律的領域中,觀察能力對於評估證人的可信度很重要。法律上,其中一個做法就是觀察證人的「舉止」。舉止聽起來像是個令人生畏的法律用語,有時用在法律之外的領域來表達肢體語言。但這一詞指的更多是覺察到理解了什麼。是證人的「行為、舉止、姿態、表達方式、音調變化⋯⋯任何描繪出作證的模式,但沒有出現在法院紀錄中實際說出的話」的加總。[8]

不過仍須謹慎應對。肢體語言或許能透露點什麼,但一個焦慮的人可能看起來不太坦誠。文化差異也可能造成錯誤闡

釋。舉例來說，某些文化中眼神接觸可能代表誠實，但在別的文化中卻顯得無理。就算是同一個文化，不同背景也可能造成誤解他人言行的原因。[9]

另外也需謹慎處理第一印象。第一印象普遍被認為很重要，不只代表我們當下如何看待對方，也會影響我們後續如何與對方應對。想進一步了解的讀者，可以看看歸因理論就這點和其他面向的討論，歸因理論指的是人們如何解釋自己及他人行為。[10]

對於扮演特定角色的人，訓練或許很有幫助，不管是品管人員或是間諜，學會知道如何去看、要找的是什麼、如何撇開自身感覺進行客觀公正的觀察。《金融時報》記者吉蓮·邰蒂（Gillian Tett）曾受過人類學的訓練，她認為這些訓練對她在2007-2008年金融危機前夕的表現很重要，她因為自身觀察而能預見危機到來，並因此為人所知。她形容自己的洞察力來自兩階段的過程。[11] 首先，她試著在熟悉環境中發現奇怪之處。接著，她利用自己所看到的（包括沒有說出的話及原因）去想像事情本來可以有如何不同發展，想像在她看到之外的另一種可能發展。

對於不是品管人員、間諜或人類學家的人，在管理的特定面向進行訓練可能是培養觀察技巧最實用的方式。舉例來說，像是訪談技巧訓練有助於了解落差不足之處（像是履歷內容），並跟進改善不一致或不尋常之處。也可以用訓練改善EQ，提升自我覺察力及同理心。或可以用在社會判斷的領域，能幫助人們更有效分析組織及社會關係。經驗與練習將能鍛鍊這些技巧。

積極傾聽

傾聽有其潛在好處:「被傾聽的人會傾聽你的機會更高。」[12] 積極傾聽不只是把注意力放在對方身上,同時也讓說話者知道你正在這樣做(「這真的很有趣。你可以再多說一點嗎?」)。積極傾聽還包括回應、提供回饋,甚至是挑戰(「你的意思是他們一直都知道?」)與此同時持續等待,直到聽完整個故事後才做出結論。積極傾聽不只是投注全部注意力,包括非口語線索,也包含確認你的理解無誤。[13]

舉聽簡報為例,積極傾聽可能指的是藉由追問問題,確認你的理解是對的。曾於 EMAP 與 UBM 擔任人資處長的珍妮・杜瓦里耶(Jenny Duvalier),現在擔任非執行董事,她告訴我應該藉由傾聽展現出對同事的尊重。「不應該急著找到答案,把事情做結尾。『多說一點』象徵著積極傾聽,也是一種讚美。保持開放的心態,準備好改變你的觀點。保持好奇的態度──大家為什麼在說這個?探索不同的『如果⋯⋯會怎樣?』情境。」

我已經舉了兩位好的聆聽者。第三位則是紐西蘭人──已逝的約翰・布坎南爵士(Sir John Buchanan)。我第一次遇到他時,我的職涯才剛起步,我當下因為他全神貫注地聆聽我(和任何與他對話的人)而感到驚訝。最驚人的是四十年過後,有著包括 BP 集團財務長、榮獲英國年度非執行董事等輝煌經歷的他,仍舊是很棒的聆聽者。和他有相同成就的人,老早就不再傾聽,而是一副自以為是、高高在上的姿態在訓話。

05 覺察

「閱讀」你的談話對象

用不同方式表達，說出的話也會傳達出不同的訊息。試試看以下的實驗。大聲說三次「我為你感到高興」。第一次用很真誠的方式說，然後用諷刺的口氣，最後用不是真心的口吻說。你的聲音、對文字的強調、你的表情每次都會不同，會影響你創造出的觀感和別人接收到的訊息。社會知覺指的是我們如何對其他人形成印象並由此下定論。這是覺察很重要的一環。[14]

社會知覺包含的不只是聲調，還包括我們講話對象的表情、手勢、肢體、姿態、動作、他們看著我們或將目光從我們身上轉移的方式。這些能透露出他們的情緒、態度和個性。舉例來說，我們很熟悉從事物表達的方式得到提示，包括透過肢體語言，像是當我們提問時對方不自在地擺動，或猶豫很久之後才回答。

一如肢體語言，我們在解讀或破解時也需要審慎處理，要謹記著假設他人和我們思考方式一樣很危險。不同的文化中訊號發出的方式也很不一樣。如果有人「盯著你的眼睛」，在西方社會中是誠懇的象徵。在某些文化中，這樣的行為則極度無理。在美國，把鞋子脫掉並把腳放在桌上，讓別人看到你的腳（或襪子），代表很放鬆的關係。在許多其他國家則是非常不尊重的表現。我們也需要注意社會中隨著時間進展出現的變化。年輕人可以接受的事物，年紀較長者可能無法，反之亦然。更多關於不同文化的判斷相關內容，請見第五部「不同國家看待判斷的差異」（277 頁）。

我們也需要謹慎考慮是否信任自己的第一印象。我們很可

能相信這些印象是正確的,並且想要堅持下去,即使我們有相反的證據。但為什麼第一印象就比透過與某人更多接觸、更多了解而形成的印象更好呢?印象,就像其他許多判斷一樣,都受益於經驗。

察言觀色

如果在判斷時牽涉的是一個群體而不是單一個人,我們必須察覺到並瞭解團體氛圍以及組成此群體的個人。主導者的影響、團體內的小群體、衝突發生的方式等,這些都是團體中個人彼此互動以達成結論並做出判斷時需要注意的環節。如果你還不熟悉,可以進一步瞭解團體運作的一些議題。[15] 我們在第十四章會進一步詳述。

我們不需要獨自察言觀色。改善覺察力的意思可能是在必要的時候和其他人討論,看看是不是只有我們自己這樣覺得,或大家都有同樣的感覺。誰沒說什麼?為什麼?有人隱匿了重要資訊嗎?是不是在小組成員聚集前就已經做好決定了?

了解文化

假設其他人和我們想得一樣,也就是「判斷移轉」(transferred judgement),這可能發生在許多情境中,包括有人書寫、述說或做了某件事,被另一個不同文化的人錯誤解釋。前面已經稍微提過文化差異,辨識出文化差異對於察覺別人做了什麼、說了什麼很重要。舉例來說,在某些情況及文化中可以展現出真誠情感,但其他情況和文化中則不會。[16]

首次接觸時更常出現這樣的誤解。我已逝的太太梅拉說過一個故事，她八歲時就讀一所英國學校，第一次體驗到英國文化講話不直接，往往透過暗示或模糊的方式表達。那時她問老師可不可以去操場玩，老師回答她說：「如果我是妳，我不會去。」「啊，」梅拉心想：「我不是她，所以沒關係可以去。」她後來因為不聽話而被處罰，並因此感到很困惑。艾琳・梅爾（Erin Meyer）在其著作《文化地圖》（The Culture Map）中引述了一份「英語－荷語翻譯指南」，進一步呈現這種獨特的委婉表達方式：

英國人怎麼說	英國人怎麼想	荷蘭人怎麼理解
沒有不敬的意思	我覺得你錯了	他在聽我說話
說不定你覺得……我會建議	這是命令。照著辦，不然就準備好合理化自己的行為	思考一下這個想法，你想要的話再照著做
喔對了……	以下批評才是這次討論的目的	不是很重要
我有點失望	我非常不高興、很生氣	不是很重要
很有趣	我不喜歡	他覺得驚豔
你可以考慮一下其他選項嗎	你的想法不好	他還沒決定
請再多想一下	這個點子很爛。不要做。	這個點子很棒，繼續發展。
我不確定是不是我的錯	這不是我的錯	這是他的錯
這個觀點很獨到	你的想法很蠢	他喜歡我的想法！[17]

要處理文化上的誤解，意味著要根據情境適合的方式察覺到這些差異。如果有來自其他國家及文化的同事，這代表要注意他們可能不了解報紙的內容，或對會議內容不理解。代表要確認是否有議題需要釐清。最好在正式會議之外的私下場合處理，避免尷尬的狀況。

改善對資訊的覺察力

覺察到資訊太多或太少，代表我們應該考慮改善資訊呈現的方式。覺察到資訊可能被操弄，代表我們需要特別警覺。要改善對資訊品質的覺察力，首先要檢查我們獲得資訊的品質。如果你認為資料有問題，可以在會議前先問問題，一旦會議開始，通常會有壓力要照著議程往下走，而不是花時間解釋數據來源（「我們真的需要往下繼續討論」），對於鉅細彌遺追問的問題也會感到沒耐性。

無論如何，最好是用開會之外的時間了解資訊來源。舉例來說，我為英國政府工作時，正在進行一個關於金融管控的創新專案。先前唯一做過這件事的是紐西蘭。關於紐西蘭相關經驗的資訊零零落落，明顯不一致，但專案預算有限，無法飛到紐西蘭考察。因為時差，彼此的對話很困難，有好幾次我都必須半夜爬起來，和那些有第一手經驗架設我們也考慮投資系統的人進行寶貴的討論。

你需要省去開會時做這些事，像是確認呈現資訊的人自己是否了解，或是否知道正確的資訊應該為何。當一項 AI 專案出現可能缺乏「了解」的問題，其中包括程式設計師自己的誤解，面臨的挑戰是不要讓使用程式的人做出錯誤的結論。

就改善簡報品質而言，讓做簡報的人清楚知道需要做到什麼很重要。一如書面資訊，那些要求大家事先讀完簡報，並花上三十分鐘辛苦講完 PowerPoint 簡報的人，往往無法獲得太多回饋。回饋可以針對簡報的任何面向，任何影響聆聽者需要做判斷的內容。我記得自己在某間非營利組織的委員會服務時，另一位委員會成員因為受夠了主管們一直使用縮寫又不解釋，最後要求禁止使用縮寫。

06 信任

任何涉及帶有個人目的的判斷，我都持存疑態度。
—— 英國軍事家，威靈頓公爵（Duke Of Wellington）

判斷框架

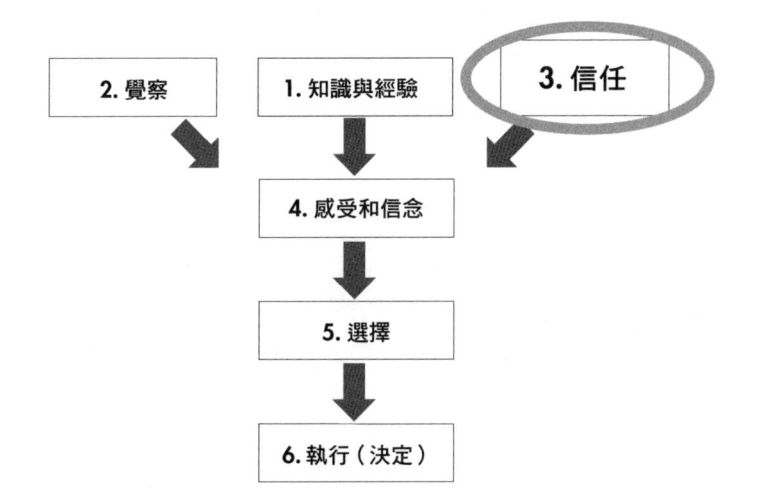

```
2.覺察      1.知識與經驗    (3.信任)
    ↓           ↓           ↓
         4.感受和信念
              ↓
           5.選擇
              ↓
        6.執行（決定）
```

你之所以能活著,或許要歸功於一位你聞所未聞之人的判斷:弗拉迪米爾·佩特羅夫(Vladimir Petrov)決定不要相信自己獲得的資訊。身為前蘇聯的中階士兵,他在核子預警系統指揮中心執勤,當時,他接獲警告,稱美國 100% 可能對蘇聯發動了飛彈攻擊。他認為這 100% 的機率不可信,因此沒有按照指示向克里姆林宮報告。相反,他報告了系統故障,後來他表示,他掌握了所有表明導彈襲擊的數據,如果他把報告通報上級,沒有人會對此表示反對。當警報發出,表示又有飛彈發射時,他仍心存疑慮。後來發現,蘇聯衛星誤將雲層反射的陽光當成了美國飛彈的引擎。

幸好,我們大部分人都不用擔負這種責任,但在做牽涉個人性命的判斷時,你一定要評估能相信誰、相信什麼。信任指的是對某人或某件事有信心,這是判斷過程中很重要的一環。搭配我們自身相關的知識、經驗和覺察力,構成選擇時很重要的原料素材。

不只是做重大判斷而已。每一天,我們要相信幾十個,甚至幾百個其他人。沒有這樣的信任,日常生活將難以繼續。我們相信超市會賣不會讓我們生病的食物。在公車或火車上,我們相信司機經過訓練能避開意外。在做會讓我們焦慮的事情,像是飛行或看醫生時,也會想到信任。當我們被要求做某件可疑的事,絕對會想到信任這件事,像是來自未知寄件人的一封保證高收益的電子郵件,信裡要我們點擊連結。

和你信任的人一起工作,這些人包括組織內外的人,他們對你的效率、安定感、判斷都會形成非常大的差異。想想那些和你共事的人。你仰賴哪些人做事情時,對方會讓你輾轉難眠?當同事給出提議時,你的立即反應是覺得可疑嗎?對以上

任一問題回答「是」則幾乎可以確定你懷疑他們的判斷。對於某特定領域的專家，你會想就某個與其領域相關的重要議題，尋求對方的建議嗎？在進行討論時，你會請對方代表你或組織嗎？以上任一問題若回答「不會」，都顯示你認為對方的判斷有問題。

我們能相信誰？

當我們想找出誰可以相信、可以相信什麼時，自身經驗是重要起點。從經驗可知，我們不太可能會百分之百相信，或完全不相信。在那些情境下，反而會選擇要相信多少。約翰在有壓力時比較不可靠。喬安娜習慣做出無法實踐的承諾。安瑪莉知道所有關於血紅素的事情。帕維爾說的話常常是錯的。

沒有過去紀錄的狀況下，更難知道要相信什麼、要相信誰，像是新同事、新供應商、新顧客、新的資訊來源等。舉例來說，我曾經擔任一間新創公司的顧問，這間公司的目標是顛覆一個行之有年的產業。他們需要很多資金。我收到一份浮誇漂亮的計畫書，內容包括以下預測：「我們在第二年就會獲利，更確切來說是第 17 個月。」嗯，你怎麼看？我的反應是，這樣的預測讓人對於做出此預測者的判斷存疑。要在這麼短時間內獲利是非常驚人的成就。時程如此精確又更加驚人。但沒有證據顯示為什麼這間公司和其他新創不同，其他新創公司要花上更長的時間才能獲利，也沒有資料顯示要如何籌措資金，或是從哪裡找到有技術的人員，在缺乏以上證據的狀況下，這份預測看起來一點也不實際。

在大多數狀況中，當我們不是很了解某人，或對情況不熟

悉時，要仰賴其他人幫我們監督。我們假設機長經過聲譽良好的航空公司篩選過，知名法律事務所的律師曾受過法學院訓練、經過嚴謹篩選流程並且依規定能掌握行業內的最新發展。當我們依指示打開牙醫診所大門，看到牆上的醫學院證書會感到心安。

但在大部分的情況中，並沒有證書可供參考。世界上充滿獲得信賴卻濫用信任的人。騙子就等著我們犯這種錯。就像數以千計的人們（包括經過高度訓練的專業人士）被馬多夫（Bernie Madoff）詐騙走畢生積蓄，誤判可信任的人也可能造成災難性後果。聽信錯誤的醫療建議則可能會要了你的命。

我們也可能過度依賴他人。舉例來說，以下是調查英國銀行 HBOS 瀕臨倒閉的官方報告內容：

> 查爾斯・丹斯頓爵士（Sir Charles Dunstone）：我認為我可以根據所呈現的資料、個人在商界的經驗與常識、委員會其他成員依其專業認定合理狀況，試著做出判斷。
>
> 律師：但就更周全完備的觀點，像是風險管理適足性，則須由委員會上其他成員進行。
>
> 查爾斯・丹斯頓爵士：沒錯。[1]

我們的確常常必須仰賴他人，但這樣的信任須建立在穩固基礎上，這點我們也需要謹慎應對。在任何團體或委員會上，要做到這點都不容易，但也的確必須這樣做才能變得有效。

一如判斷的許多面向，信任需視情境而定。在阿根廷，我被告知信任是建立在高度個人的基礎上，大家傾向信賴家人、

朋友,甚至是來自同一個小鎮或地區的人。對於政府和法治的信任則非常低。

在委派職權時,信任很重要,這裡的委派指的是讓信任的人代表我們執行某件事。舉英國連鎖蛋糕店 Patisserie Valerie 為例,該連鎖蛋糕店的董事長(而且還是位金融記者呢)就因為過度信賴而付出代價。他抱怨自己收到所有必要的資訊、「扎實」的每週數字、完整的月管理帳目、年度帳目,「審計結果顯示公司的體質健康」。不僅如此,他提出的問題都得到滿意的回答。他惱怒地表示:「就跟生活一樣,做生意的時候你會仰賴特定的文件和資訊。」唉呀,他不能這樣辦 —— 實際上,他的店遭受龐大的詐騙攻擊,審計員多年來都沒有發現,以致170 家蛋糕店中有 70 間都因此收掉。[2]

資訊品質低劣體現在很多方面。在「假新聞」氾濫的時代,未經過濾的社群媒體常常被用作可靠的資訊和建議來源,我們需要特別注意所讀資訊的質量,尤其是那些被同事過濾或透過未經品質檢驗的來源獲取的資訊。如果你認為這不適用於你,而且你完全客觀,那麼問問自己,你根據自己認同的觀點而選擇的報紙、podcast 或網站,做出了哪些判斷。

我們甚至不知道是否能相信關於下一餐的建議。英國消費者協會(The UK Consumer Association)指出,部分不知名品牌獲得的假五星評價嚴重影響亞馬遜極具影響力的顧客評分系統。他們指出,短時間內留下好幾篇顧客評價及好幾個五星評價都顯得可疑。有些亞馬遜賣家則被指控在對手商店狂留一星的假評論。

就連專家也不能盡信。專家也可能出錯。他們可能不確定,或對如何處理現有資訊意見不一致(「對於你肺部的陰

影,我需要尋求第二意見。」)他們可能不確定或不同意其他專家建議採取的行動(「對於新增擴建很可能取得計畫許可這件事,我不同意。」)他們可能更不願意尋求建議,或傾聽那些與他們意見不同的人的想法。[3] 他們可能有自己的目的。那些自稱能預測未來的人通常紀錄不佳,[4] 當你在看想參考的選股工具紀錄時,要謹記這一點。

對於我們認為值得信賴的人事物,我們真的能確定嗎?——這意思是說,我們對某人或某事有信心嗎?分享一個個人的警世故事。幾年前,我被一間公司找去擔任非執行董事,這間公司準備在倫敦證券交易所上市交易。這間公司令我感覺很有趣,但我從沒聽過。由於有一間聲望極佳的金融機構向我介紹這間公司,於是我才願意進一步瞭解。

我拜訪了這間公司,公司最大的股東和 CEO 讓我印象深刻,他年輕又有活力,對於公司展望侃侃而談。後來宣布公司股票公開上市發行的日期,我出席文件簽署的儀式,到現場才被告知公開發行計畫在最後一刻被取消。後來我偶然讀到一篇報導,那位讓我印象深刻的人就是引發蘇格蘭最大銀行破產案的哥格里·金(Gregory King)。

我幸運逃過一劫。當時的我鬆懈了,如今回頭看,我發現了兩點錯誤:相信那些判斷錯誤的人;相信一個表面看起來、聽起來值得信賴的人。但如果有人受到聲譽卓著的組織背書,通常要有充足的理由才會對其有所懷疑。畢竟,如果我們總是在為越來越多的問題找答案,我們可能會陷入癱瘓,無法做決策。回頭省視,我是否能做出更好的判斷呢?我研究判斷力已經有一段時間,我覺得自己能夠做出更好的判斷。我們大家都需要增進自己做出正確判斷的機會。

關於資訊品質不佳最鮮明的案例是那些操弄資訊以便隱匿事情的狀況。報紙上多得是那些因為說謊、欺騙、使用捏造資訊而被起訴的案例。而這些只是被揭發的部分案例。如果要參考的原始素材被捏造或弄得晦澀難解，便無法依此進行好的判斷。醫療科技公司 Theranos 就是最好的例子。公司創辦人伊莉莎白·霍姆斯（Elizabeth Holmes）和合夥人桑尼·巴爾瓦尼（Sunny Balwani）誤導大眾及公司所有利害關係人以為 Theranos 能提供全新簡化的血液檢測服務。經驗老道的投資人投注幾百萬美元到這間公司。在公司被發現檢測結果造假後，公司市值從一度最高 90 億美元變得一文不值 —— 這又是另一個要小心不要因為表面成功、而認為對方判斷出色的例子。最後，兩位創辦人都因此入監服刑。

遺憾的是這類以誤導資訊詐騙的案例比比皆是。1995 年，霸菱銀行（Barings Bank）位於新加坡的員工尼克·李森（Nick Leeson）用誤導資訊隱瞞虧損，一手造成有 230 年歷史的銀行倒閉。他表面顯示帳上收益驚人，實際上卻是虧損不斷。

類似的事情也發生在位於阿拉伯聯合大公國的 NMC Health，其公司創辦人向董事會提供誤導的資訊。由董事會成員委託進行的報告發現，創辦人及另一位股東持有的公司出現祕密財務往來。該公司因此進入管理程序。世界上許多國家都有類似例子，廣受讚譽的公司被發現陷入詐騙醜聞，例如中國的安邦保險、德國的威卡（Wirecard）、印度的薩蒂揚（Satyam）、義大利的帕瑪拉特（Parmalat）、日本的東芝。

那在世界各地的信任又有何不同？愛德曼全球信任度調查（Edelman Trust Barometer）能帶我們快速一窺整體狀況。[5] 這份針對機構與組織信任度的年度調查提供了一個概況，能了解隨

著時間演進，不同的組織和國家在信任度的表現差異。

其中很有趣的發現是，在對政府的信任度有很大的差別（本書寫作之際，中國得到90%，阿根廷為20%，28個調查國家的平均則約50%），對媒體的信任度差異也很明顯（目前在中國是80%，韓國不到30%，參與調查國家的平均則為50%）。雇主通常表現不錯，平均接近80%，家族企業則在所有雇主中表現最佳。

找到可以相信的人事物

憤世嫉俗版的「值得信賴」定義，是對方同意我們觀點、會鞏固或重複我們想聽的話。因為這樣的話讓我們感覺良好，並與我們已經相信的事實一致，很容易就想繼續這樣下去。畢竟我們只是凡人。但做為「凡人」的危險之處在於，讓你感覺良好的人可能不會把你的利益放在心上，或者與現實脫節。導致你有很高的風險會做出很差的判斷。

關於信任的文獻很多。[6] 在判斷力方面，在做選擇時找到能信任的人代表這個人：

a. 在必要的時候，願意和你持相反意見（這或許代表他們並沒有在財務上或其他面向仰賴你）。
b. 了解你對世界的觀點，同時也能針對情況提供客觀看法。
c. 就算知道你可能不想聽，還是能誠實表達自己的想法。
d. 把你的利益放在心上，而非自身目的，也不會將其感覺、信念加諸在你身上。

可能的話：

e. 有相關經驗（但不必然是直接相關的知識）且知道（還願意告訴你）自己對議題不了解之處。

這些要求都不容易，而這也是那些掌權者很容易就讓自己身邊圍繞同意他們的人（那些他們「信任」的人）。對於那些可能擔任老闆、主管信任的人，要能提供建議又在必要時刻持反對立場，真的非常不容易。

為了降低倚賴某人做為資訊來源的風險，可以自問以下幾個重要問題：

- 我和這個人有多熟？當然，人們可能或多或少都值得信賴，但認識一個人一段時間，能讓你大概了解自己要承擔的風險。
- 是否有過去紀錄能參考？如果你猶豫要相信誰或相信什麼，想想這個人過去表現是否可靠。但要小心不要太過信任過去表現。這只是降低風險的其中一種方式，不能完全保證。仰賴過去表現不錯的財務顧問，往往會付出代價，畢竟持續優於平均的收益表現幾乎難以達成。
- 是否有其他可信賴的來源能進一步證實？其他你信任的人的看法能幫助你客觀看待，缺乏其他這類建議來源會讓你陷入更大風險。
- 你過去在選擇值得信賴的人時，表現如何？

誠實回答。妳是否傾向選擇花言巧語的人，或那些讓你感覺自我良好的人？如果是的話，你是否已從錯誤中學習？

在評估一個人是否值得信賴時，以下有幾個可以自問的問題：

06 信任 97

- 有哪些證據顯示他們了解議題？不能只是因為對方告訴你他知道。過度自信的人很可能自以為了解自己實際上根本不懂的事情。
- 這個人是否把你的利益放在心上？對方是否有個人的動機或目的？請教一個不喜歡你、不想要幫助你的人，幾乎肯定是錯誤的選擇。那些帶有個人目的的人會因此給予偏向自身利益的建議，他們不太可能會是值得你信賴的人。
- 這個人有哪些偏見？每個人都有自己的偏見，你需要確定自己了解你詢問對象的偏見，因為他們可能自己都沒有察覺自身的偏見。
- 這個人價值觀跟你一樣嗎？假設你想知道什麼才是「正確的做法」。當你覺得自己有義務照顧其他人，而對方則認為正確的做法是顧好自己的利益，那這個人給你的將會是「錯誤的」建議。

在回答這些問題時，要了解信任必須被贏得，而非視為理所當然的存在，且適當的懷疑很重要。我記得某次簡報結束後，另一位委員會成員跟我說：「我希望他們知道不需要每次都要向我們推銷。」任何肩負著做判斷的團體成員都希望能自己做出結論，而不是被迫「買帳」一個案子或政策，或被迫接受一個觀點。

任何事實、論點、假設、可能的結論都可能因為不合做簡報者的意而被排除。如果你感覺到自己被「推銷」觀點，或被過度圓滑的簡報影響，找找看其背後論述在沒有多餘包裝下是

否還站得住腳。如果你合理懷疑，持續要求得到答案。如果你不追問，永遠都不會知道。

在像是財務預測或重大專案提案等風險極高的領域中，了解其他類似情況中事件如何發展特別重要，尤其當對方的主張或預測聽起來很牽強或很危險。對於某個來源的估計是否有過度樂觀的傾向、是否好好說明風險、是否刻意提出預估以取得同意等等，針對這些狀況都需要堅持得到具體答案。與其他人交叉校對或測試回覆，不要被一頭熱、急著想掃除任何疑慮的人牽著走。

一如驚悚片和電視法庭劇所示，法律的世界中是否值得信賴非常重要，任何審判中證人的可信度也相當關鍵。所以，我們能利用法律的經驗來尋找以下問題的答案：

- 某人所說的話與其他人說過的話是否一致？
- 是否和他們自己之前說過的話一致？
- 是否和他之前說過的其他事情一致？
- 此人的聲譽如何？

信任與委派

一如 Patisserie Valerie 蛋糕店的詐欺案件所示，在決定要委派多少責任出去時，信任特別重要。仰賴他人代表相信他們的判斷，例如決定要將多少收益、預算、營運的責任委派出去。我們每個人都必須評估其他人判斷的能力，包括何時該請益、何時將狀況往上呈報。

關於委派這件事，一位曾多次擔任董事長及執行長的人告

訴我，對於是否能信任某人，他會和同事聊聊，試著藉由他們做決定的方式來評估他們對於風險的態度：「不同人面對委派的態度往往不同。

不能直接跟對方說：『趕快去做。完成之後再回來。』對方應該可以自己去執行大部分的工作，但設下介入規則也很重要，讓對方知道出現問題時，何時該回來找你。」他試著了解對方是否知道何時該來找他商量討論，這樣有助於設定對方何時該回來找他的條件，可以的話也舉些例子，並了解並非只有重大議題需要商討。

講到信任就常常會提到我們是否該「相信我們的直覺」或「憑感覺」。這可能代表第一次見到某人就信任對方。關於如何處理，請見第十二章。

受信賴的顧問

在尋找可信任者的過程中，一個很重要的人是「受信賴的顧問」。他們不只是技術上的專家。這是一個在各種艱困情況中你都能信任其判斷力的人，對方可以來自組織內部或外部。組織內部人士的優勢在於他們比外部人士懂得都還多，你不時就能去詢問對方意見。就如理查‧海納（Richard Hytner）在《參謀》（Consiglieri）一書中所提到的，這樣的人可能是公司的第二號人物，能提供可靠的建議。[7]

內部人士的問題在於他們可能距離議題太近，無法保持中立客觀，事情可能過於敏感，你們都無法對彼此誠實以待，或者你會影響到他們的升遷或工作，導致他們不願意挺身捍衛自己的看法。

包括專業顧問在內的組織外部人士也有其優缺點。他們手上可能沒有所有背景資訊、直接與議題相關的細節,但他們可能會比組織內的人更冷靜客觀。他們或許能提供更多元的想法與新觀點。但如果他們是你付錢請來的,他們可能因此無法提供你完全公正的建議,而沒能在必要時挺身與你持相反意見。做為組織外部人士,教練與導師的工作包括幫助你問對問題。

　　受信賴的顧問可能在所有情境中都值得信賴,或只有在部分情境中可靠。他們需要足夠的相關知識和經驗才能了解目前的狀況,也才能了解目前狀況和他們之前所知相似或不同之處。這是專業人士在知識或經驗之外的重要價值。除了專業人士或任何你信賴的顧問,你要自問:「在這些情況中,針對這個議題,我是否願意尋求此人的建議?」

　　受信賴的外部顧問可能來自你私人生活,比如你的伴侶、其他家人或朋友。利用這類的外部人士測試也是一個用來測試想法的好方法。好處是他們對你很瞭解(「我不覺得你會喜歡做這件事」)並且冷靜客觀(「花時間在這件事上感覺不明智」)。但他們可能不會知道所有的情況(「這風險有多大?」)、具備的知識不足(「金融交換到底是什麼?」)、毫不在意(「如果我是你,我會叫他滾開」)、急著想討好(「你完全沒錯」)。

　　來自專家可信賴的建議和同事的建議檔次不同。對於沒有法律背景的人,是否合法只是看法不同而已。公司法律總顧問給出的同樣意見,重要性和其領域專業人士給的意見一樣大。但就算是專業人士,也需要透過一段時間給出可信賴的意見,來贏得大家的信任。

我能相信什麼？

　　就和相信人一樣，當你沒有經驗時，信任的問題就變得特別棘手。以新冠疫情為例，我們很快就發現對此疾病本身和影響都不太確定。因此，在決定如何規劃和要採取哪些行動時，很難知道該相信誰、相信什麼。就連要知道實際情況都成一大問題。隨著情況不斷發展、不確定的狀況持續，分辨出什麼是真正的證據，什麼是猜測和假新聞就變得非常關鍵。原本理所當然受到信賴的官方醫療數據也變得不可信，因為連官方都還弄不清楚狀況。

　　你會有自己的方式了解文字或話語背後情況，包括何時該進一步要求實質解答，必要時則要求更好（而不是更多）的資訊。一切都要視情況而定，但如果覺得模糊不清或感到困惑時，堅持要求對方釐清，不要猶豫。舉例來說，「可能」、「不可能」、「或許」、「很有希望」（「我們很有希望能準時完成」）等字詞，用來做為討論的結論都不算合宜的詞（「很有希望到底是什麼意思？」）。我們需要再更精準地表達。

　　對於那些沒有證據的言論一定要保持懷疑態度（「顧客會喜歡的」；「風險真的很低」；「不會有人反對」）。越是不合理、越是浮誇的言論，就該受到更多提問檢視。意思就是說，要辨識出所說出話語、所寫下文字與實際狀況間的差異。為什麼沒有提到比賽？對於未來展望保持沉默，是否其實是對獲益的警示？風險分析在哪？誰會負責此專案？很少問題是突然出現的。最好在潛在問題出現時就提問，不要等到一切都變得一發不可收拾才後悔當初沒有提問。

　　信任的另一個重點是確認一致性。這可能指的是將現在發

生的事情,與之前說過或做過的話、在其他地方發生的事情做比較。經驗可以做為提問的基礎,組織內部、產業或大環境的其他狀況也適用。為什麼成本預測繼上個月後飆升這麼多?第一次討論這個想法時對市場的態度更為樂觀,該怎麼看兩者間的差異?

在決定該相信什麼時,為了降低風險,該信任誰的同樣原則也適用在資訊和來源上。就某方面而言,處理資訊比較容易,因為不用與人交涉。不過,就如你在考量一個人是否值得信賴一樣,針對資訊也必須問類似的問題,包括:

◆ 你對資訊來源的了解有多少。對於一個網站或廣播有一定的認識,代表你很可能知道他們對於事實查核有多謹慎,他們是否有自己傳播的背後目的。當然,你也要了解情況是否已經改變,或正在改變中。
◆ 其他可信賴來源是否能證實?在金融或科學資訊的狀況中,內容是否會被要求進行可靠的檢查或審核?如果沒有其他來源進一步證實,或獨立的評估方式,那你面臨的風險將更大。
◆ 你有多擅長挑選出值得信賴的來源。同樣地,對自己過去的表現誠實以待。
◆ 你是否能夠察覺到自己其實只是在找同溫層取暖。看那些和你喜惡相近的實體或網站來源都沒關係,但這些來源不太可能可以提供你做周全判斷所需的資訊。

艾歷克斯・埃德曼斯教授(Alex Edmans)的著作《可能有謊言》(May Contain Lies,暫譯)有非常多關於錯誤資訊的故事,包括從有瑕疵研究得出的資訊。[8]

完全沒有偏見的來源很少見，但至少聲譽卓著的來源會謹慎提供其取得資訊的來源。你需要知道是否有證據顯示，那些提供資訊的人為了自身需求而操弄資訊。使用有信譽的來源來降低風險，如果你懷疑有詐騙或操弄狀況，可以利用合適的技術來查明，包括一些能發現問題的 AI 程式。

07 感受與信念

偏見是缺乏判斷的意見。

—— 法國哲學家,伏爾泰(Voltaire)

判斷框架

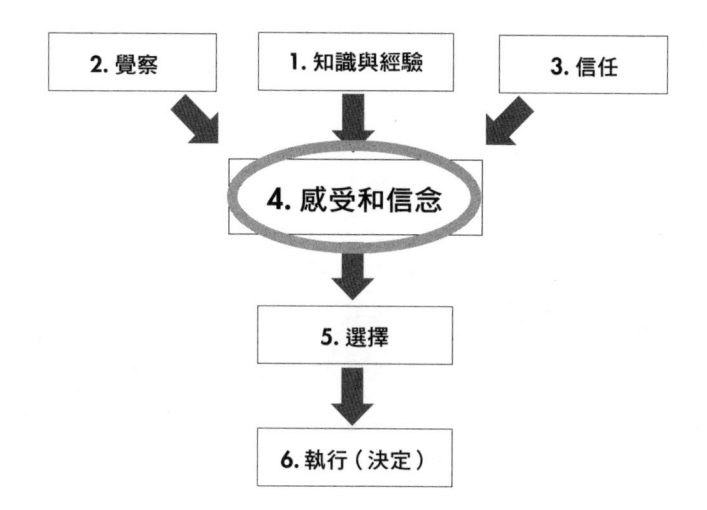

```
2. 覺察         1. 知識與經驗         3. 信任
       ↘           ↓           ↙
            4. 感受和信念
                 ↓
              5. 選擇
                 ↓
            6. 執行(決定)
```

調查報導是要寫出很棒的報導故事，但有時新聞業本身就是很棒的故事。2017 年上映的史蒂芬·史匹柏（Steven Spielberg）電影《郵報：密戰》（The Post），講述公開五角大廈文件，揭發官方掩蓋越戰衝突的事件。電影關鍵在於華盛頓郵報（Washington Post）發行人凱瑟琳·葛蘭姆（Katharine Graham）在面對個人、政治、法律和財務壓力下仍決定出版報導。故事講述著在面對財務、政治、法律風險下，新聞自由信念的一大勝利。這也是一個關於女性拒絕被屈尊俯就地對待、擺布，在那個時代，商場上的女性，就算是女性企業主，都被認為要安靜待在幕後。

你要處理的可能不是這種高度涉及公共政策的風險。然而，在做判斷時不僅用到個人特質、知識、經驗，同時也用到個人的感受和信念。這些對你即將做出的判斷有過濾作用──下方的方格以虛線呈現（**圖 6**）。舉例來說，處理風險很高的案子時，組織價值觀可能會希望你能坦誠表達，你個人價值觀可能希望你與同事互動時也能誠實以待。但當老闆逼你支持一項計畫，同事又熱切地表達同意時，你的回應可能會受到向日葵偏誤嚴重影響（常常被觀察到，但鮮少被提及），也就是傾向聽從在階級中位子比你高的人。

我們的感受及信念所扮演的角色非常廣泛。我們可能希望自己能依照個人價值觀生活行事，但我們需要注意到所服務組織的價值觀。我們實際上能覺察到多少也不一定。在感受及信念的例子中，我們可能很清楚其中部分感受及信念，像是我們對某些人的正面或負面感受。而包括個人許多偏見的其他面向，我們可能根本就沒有注意到。就像亞當·格蘭特（Adam Grant）說的：「我最喜歡的偏見是『我沒有偏見』的這種偏

圖 6　過濾感受和信念

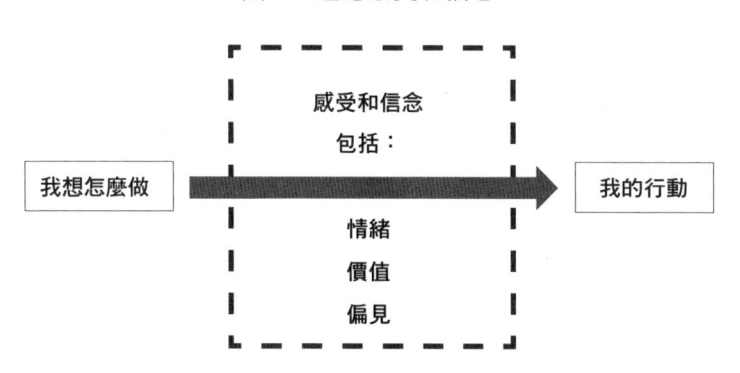

```
              ┌ ─ ─ ─ ─ ─ ─ ─ ─ ─ ─ ┐
              │     感受和信念       │
              │      包括：         │
  ┌─────────┐ │                    │ ┌─────────┐
  │我想怎麼做│━━━━━━━━━━━━━━━━━━━━━▶│ 我的行動  │
  └─────────┘ │      情緒          │ └─────────┘
              │      價值          │
              │      偏見          │
              └ ─ ─ ─ ─ ─ ─ ─ ─ ─ ─ ┘
```

見，這種人認為他們比其他人還要客觀。結果發現，聰明的人很可能會掉入這種陷阱。」[1]

但偏見非常可能影響我們的判斷，不管我們是否意識到。易得性偏誤（availability bias）就是一例，我們過度偏重在最容易取得的資訊上。另一個例子是近因偏誤，過度偏重在最近聽到、看到、讀到的資訊，因此最容易想到。確認偏誤則是在不一定察覺到的狀態下，偏好與我們現有信念一致的信念，忽略其他不符合的證據。沒有察覺到確認偏誤很嚴重，比字面上聽起來更危險。危險之處在於，當別人同意我們或讓我們感覺良好時，我們會掉入誤以為他們有判斷力的陷阱中。

舉例來說，有些正在進行中的案子對於潛在問題的警告置之不理，因為如果他們認真看待警示，將可能影響案子進度。另一種狀況是政治領袖不管官員對於某政策無法執行的警告，還認為官員想破壞政策的推行。在以上兩個例子中，或許能將警告置之不理，但前提是已檢視事實及風險。

當然，在某些國家及文化中比較容易做到。一位來自巴林（Bahrain）的中階主管告訴我，就算做為專業人士，對上級的

07　感受與信念

判斷表達出保留態度也是不智之舉，因為在大部分組織文化中階級的影響很大。在某次位於孟買（Mumbai）的討論中，我被告知當地的判斷與西方不同之處在於，在一個由家族企業主導的經濟裡，階級非常重要。對方告訴我，在該國某間最大的公司裡「一整個世代的主管們都向上委派、向下交代。打安全牌才是王道。」

如果你想快速檢查自己可能有多少最常見的偏誤，本書在274頁起列出了其中20項。

偏誤不是我們唯一需要注意到的感覺或信念。看看對於出席達沃斯世界經濟論壇（World Economic Forum, WEF）與會人士的形容：

> 對於直接參與人士，世界經濟論壇是啟發性思考、開放且願意接納全新、極端、預期外想法的明燈。對於支持者而言，這是位於刻意維持中立瑞士的一股無分政治與國家的良善力量。對於反對者來說，這是集結自認代表權力與資金的狹隘團體（「達沃斯人」）。位於富裕、自滿、屬於第一世界的瑞士，在虛幻的自由主義價值下看顧自身利益，在保護自身立場前提下才願意擁抱多元。[2]

感受和信念能以許多其他方式成為我們看到世界的方法，從與宗教高度相關（例如相信更高等存在或宿命）到完全世俗（「我是一個能力平均之上的駕駛」或「我就是不喜歡他」）。

感受和信念也會以更極端方式影響判斷，例如迷信——像是不願意在13號星期五做決定、穿代表幸運的服裝去面試，或只買朝北的房子。也可能會有偏見，包括更古怪黑暗的

陰謀論、來自外太空的外星入侵者、種族歧視、性別歧視。對於有這類感受和信念的人，在做判斷時，偏見往往強而有力且危險地進行過濾，排除掉其他所有考量。

不管從何而來，感受和信念是做判斷時很重要的一環，因為相較那些對我們構成挑戰的事物，我們更有可能接受我們本來就想要的，也不會那樣仔細檢視。感受和信念甚至可能影響我們吸收資訊並反應的方式。例如，對於新創公司的創辦人來說，自信往往很重要，但同時也代表可能會無視於發生挫敗的不利資訊。

將這些要素謹記在心，我們真的可以做到許多人很自豪的事──「保持客觀」嗎？這比想像得還要難。一如中央情報局理查·休爾（Richard Heuer）針對情報所說的：「要保持客觀需要分析師克制任何個人意見或成見，由案件中的『事實』引導。以如此方式思考分析，則忽略了資訊無法為自己發聲。」[3] 雖然認為自己可以完全客觀是種幻覺，察覺到自己的感受及信念能幫助我們知道感受和信念如何引導我們、如何阻礙我們的判斷。

另一種感覺及信念則是價值觀，能指引同時也限制我們的行為。價值觀指的是原則或行為標準。涉及到組織內部的企業價值觀時，在做判斷時需要將此納入考量。像是西班牙時裝零售商愛特思（Inditex）標榜的「誠實、可靠、尊重、透明」就是跨國大企業的典型。其他組織會將價值觀與活動連結在一起。例如 Airbnb 的「我們和社群團結一致創造出一個任何人到哪都有歸屬感的世界。做一個旅居主人：我們關心、持開放的態度，鼓勵所有合作的人。」有些組織則以直接挑戰現有企業價值觀表達方式感到自豪，像是 Google 早期充滿爭議的「不

作惡」(Don't be evil)。

這些價值觀有多少被實際執行，每間公司的狀況都非常不同，但在某些情境中則無選擇可言。相較於其他人，專業人士更受限於這些價值觀，他們被期待要符合特定的職業價值觀及倫理標準。

不管是個人特質、活動或風格特點，企業的價值觀往往都以非常抽象的方式表達。舉例來說，「正直：真實不虛假」和「熱情：全心投入」是可口可樂的兩個核心價值觀。制定能針對實際情況設定價值觀的政策可以幫助員工在試圖設底線時有一個參考依據，像是在政府普遍貪汙的國家做生意的狀況。說起來矛盾，如果連結不夠清楚，在日常中應用則可能代表需要運用判斷解讀實際上是什麼意思。

願景也可能是我們在做判斷時的其中一種感受和信念。願景很重要，能幫助許多組織找到發展方向，提供員工向前邁進的目標及期望。若能與策略緊密連結，願景則提供將計畫轉化為行動的方法，過程中會運用到判斷力。但願景若只是一個充滿希望的口號，沒有辦法轉化為行動，會因為過於模糊成為判斷時的一大問題。一如《金融時報》針對某個失敗的收購案中挖苦寫道：「拜耳形容自己樂觀、熱情且充滿遠見。這樁命運多舛的孟山都作物公司收購案起初宣稱將能餵飽全世界的人口……或許吧。」[4]

若不管事實或情況如何仍決心要維持一定信念，則會產生其他問題：「如果事實改變，我就會改變我的想法。您呢？」這是約翰‧梅納德‧凱因斯（John Maynard Keynes）提出的挑戰。一個常見的例子是「動機性推論」，指的是我們的感覺與

信念如何引導我們合理化本身就有的觀點,不管證據為何。這可能代表提案要購入新軟體的人沒有提到風險及缺點,只強調優點的部分。有可能是人資處長決心施壓反對某個提案,強烈認為這個提案與組織價值觀不符。

茱莉亞・蓋勒芙(Julia Galef)在《零盲點思維》(The Scout Mindset)中寫道:「動機性推論的困難之處在於,雖然很容易在其他人身上察覺,輪到自己時卻不會這樣覺得。我們在推論時會感覺自己客觀、公正、冷靜評估事實。」[5] 許多人會用動機性推論支持根深蒂固的信念,雖然事實並不支持這樣的觀點。而極端的例子則是基於動機性推論的陰謀論。在較輕微的狀況中,大部分人在日常生活中利用動機性推論支持自身觀點,並決心維持這樣的看法,儘管事實並不支持。例如在英國,爭論是否脫歐的雙方在討論時都帶著強烈感受,這代表無論證據為何,沒什麼人會在討論時會改變想法。爭論的真正原因被隱藏起來,這樣的狀況很常見。我曾經受邀協助位於馬爾他一間工廠的問題。「為什麼要在馬爾他蓋工廠?」我問道。公司以補助為由向股東合理化建廠地點。結果發現是因為公司創辦人在那裡有一間渡假小屋和遊艇,需要找藉口用公款去馬爾他。

在動機性推論的作祟下,我們可能會騙自己做出良好判斷。而實際上只是找藉口合理化自己的感受和信念。

情緒

「感受」和「情緒」兩個詞常常被交錯使用,兩者的確常

常有重疊之處。但強調的重點和程度不同。情緒來自人類更原始、直覺的一面，而感受更常基於我們的經驗，或因為經驗而調整。兩者都可以是有意識或無意識的存在，但我們更可能意識到自己的感受。

一如感受和信念，情緒可以有過濾功能，而且就像其他的過濾器，它們本身並無好壞，除非像狂怒、瘋狂、恐懼或愛，會阻礙人做出好的判斷。通常差別更細微。如果其他人的情緒開始壓過理性，需要有人冷靜應對時，沒有情緒對做判斷是一大優勢。當情緒對於判斷的品質很重要，或沒有情緒代表不參與，顯示缺乏同理或興趣，這時沒有情緒就成為缺點。掌控情緒有時能用來鼓勵他人，有時候還不可或缺，例如在危險時刻，恐懼會警告我們有風險出現。

在職場做判斷時，情緒可以是正面也可以是負面的。我可能因為特別喜歡某位同事而願意幫助他。只要我的喜歡是基於同事的表現，而不是因為我們支持同一支足球隊或我對這位同事有情愫，這樣的情緒都是正面的。如果明明有其他人同樣做得不錯，我卻因為支持同一支足球隊或個人情愫而特別讚揚這位同事、給予升遷機會，這就是判斷不當。

情感的連結或許能做為強而有力的正向力量，但原始情緒則可能是判斷力的敵人。奇普・希思與丹・希思（Chip and Dan Heath）在其著作《零偏見決斷法》（Decisive）中提到，情緒並非好決策的敵人。但我們應該確保這並非唯一參考要件。」[6] 舉家族企業為例，相較於專業管理，情感的連結可能帶來更穩固互信的好處。但同樣的情感連結可能會形成嚴重風險，例如當一位家庭成員一直做不好指派角色，卻純粹因為是「家人」而被留在原來的位子。

偏見

　　工作及私人生活中，最常提到的感受及信念就是偏見。關於偏見的討論如此普遍，可能要感謝諾貝爾得主丹尼爾・康納曼（Daniel Kahneman）及其同事阿莫斯・特莫斯基（Amos Tversky）等思想家讓更多人知道這個議題，康納曼與特莫斯基也刺激更多關於這個領域的研究，將行為經濟學成為經濟學的主流。[7]

　　在判斷方面，偏見是在不管情境或事實的狀況下，由感受及信念影響做選擇或形成意見的方式。一如判斷力，偏見需視情境討論，針對特定的決定，我們必須考量到相關偏見。像是團體迷思等某些偏見常在職場相關討論出現。和許多其他官僚機構類似，公部門組織的官員被認為（往往毫無證據的情況下）帶有現狀偏差（status quo bias），即傾向維持現有狀態。

　　其他的偏見可能也很常見卻未被提及，通常如同前面所講的，是因為我們沒有察覺這些偏見的存在。舉例來說，定價就是一個經典狀況，也就是定錨效應造成的偏見往往會造成問題。定價常常會與成本「定錨」，理由是企業想回收那些成本以賺取利潤。新創公司往往會利用這種方式定價，因為他們沒有過去經驗。但以成本做為定價基礎並沒有將價格與顧客準備好支付的價格、競爭者收費價格做連結。再加上擔心收費過高，結果往往造成收費過低。

　　我要特別提出一個與判斷相關的偏見，因為這種偏見可能影響很大。這種偏見就是過度自信，有些人稱之為「所有偏見之母」，在這個例子中並非對父母的稱讚。其中一類過度自信的人會冒太多風險，因為他們忽視事情不利的一面。延續父母

的主題,過度自信包括那些忽視父母警告有危險卻仍為之而受傷的孩子。

有一類過度自信的人則非常成功,身旁圍繞的人對其都是一片讚揚。像是如果媒體一直告訴一間成功企業的執行長他們很棒,自豪的心情往往會變成自負,而後轉為過度自信。一如過去的成功,未來的成功看似也掛了保證。回頭檢視任何無關詐欺的破產或醜聞案件。災難的根源往往存在著過度自信。

菲利浦・泰特洛克在講到預測一事時寫道,那些負責組織運作的人往往很不會預測,因為他們過度自信,與實際脫節且帶有個人目的。[8] 蘇格蘭皇家銀行(Royal Bank of Scotland)前執行長弗萊德・古德溫(Fred Goodwin)以上每點都中。他成功收購規模更大的 NatWest 銀行後被媒體譽為管理界的巫師,但接著卻展現許多傲慢自大的徵兆,並因為一系列差勁判斷,導致一度曾是全球最大的銀行宣告破產。

過度自信會受到如此大關注的另一個原因,是因為過度自信會影響判斷的所有面向,從接收到的訊息(「我不需要傾聽其他人」)到信賴的對象(「我偏好那些同意我觀點的人」)。過度膨脹已知(「我知道的比任何人都還要多」)和感受及信念(「不要用事實混淆我」)。這代表選擇有限(「我已經決定好了」),且執行上不會有問題(「我之前已經做過了,還可以再次做到」)。

記者大衛・哈伯斯坦(David Halberstam)在關於歷史的角色這點寫道:「這是一個我們一讀再讀來自過去的故事,任何國家最危險的時刻可能就是一切都順利得不得了的時候,因為領導者會因此過度自負,外表看似公正,其實充滿特權感。」[9] 過去,羅馬將軍出席勝利遊行時,會有一名叫做 auriga 的奴隸

獻上桂冠戴在頭上,當將軍太過得意時,這名奴隸會在將軍耳邊低語,說他們也只是人類罷了。微軟的執行長薩蒂亞・納德拉(Satya Nadella)不需要奴隸的低語提醒。他表示:「從古希臘到現代的矽谷,唯一阻撓持續勝利的就是傲慢自大。」[10]

這裡有一個建議:如果你覺得自己的判斷力已經很好,沒什麼其他需要學的,你可能、或許有過度自信的問題。你甚至可能做什麼都帶著標籤,這就是鄧寧－克魯格效應(Dunning-Kruger effect),此效應即是以《毫無才能且毫無自知之明:何以「無法認清自己的無能」會導致「過度高估自己」》(Unskilled and Unaware of It: How Difficulties in Recognising One's Own Incompetence Lead to Inflated Self-Assessments)的作者命名。[11] 或者像是亞當・格蘭特用另一種方式所說的:「我們沒有能力的時候,最可能會過度自信。」[12]

採取行動

所以在做判斷時,要如何處理包括偏見在內,和感受及信念相關的問題?忽視有這些問題的人、將他們排除在判斷過程之外,甚至將這些人完全趕走等或許都不太可行。最終,我們可以採取行動減少他們造成的破壞(說服過度樂觀的旅伴,我們必須提前半小時抵達機場才能確保能趕上飛機)。[13] 但這類行動往往不可能或不實際。前面已經提到了各種問題,偏見尤其如此,接著來看看能採取哪些行動解決或改善這些問題。

▶ 改善覺察力

這點很重要,不只是針對潛在問題(例如我們的偏見),

也是我們所需要的正向能力（例如我們的價值觀）。先從回饋開始。這不一定容易或受到大家歡迎。某次開會結束，一位同事告訴我她覺得我太過謹慎。一開始我不願意接受這個看法（「我嗎？我不相信！」），後來我想了想自己如何做選擇，認為這位同事是對的。這個回饋幫助我在未來做判斷時察覺到自己偏向過度謹慎，尤其是選擇間彼此都不相上下時。我多次對她的坦誠感到感激，雖然我當下感覺到不舒服。

可以透過訓練改善自我覺察的能力。可以是更大專案的一部分，像是程式設計師學習自己可能無意間將偏見導入 AI，或面談人員了解他們可能會選擇與自己特質相近的應徵者。或可以特別著重覺察力，像是在入職報到時介紹組織的價值觀。這也可以是 EQ 的訓練，但對個人來說，輔導可能是最好的做法，尤其是針對主管階級。對其他人來說，只要團體成員能自在發言，團體或許是適合討論這些議題的環境。透過角色扮演和模擬情境能幫助團體了解自身流程，挑戰強大組織文化形成的假設，避免這些想法形成團體迷思。

低估缺乏覺察問題的組織可能會在警鐘被敲醒後被迫投入訓練，一如星巴克的例子。位於費城的一名員工打給警察要求逮捕兩位黑人男性。他們犯了什麼罪？他們佔了一個桌子沒有點餐。隨著社群媒體開始出現抵制活動，星巴克的營運長凱文‧強森（Kevin Johnson）飛到費城。媒體報導「他的回應很個人化、快速且具體：他開除那位叫警察的員工，同意與兩位男子和解，將全美 8,000 家店面關店一個下午進行反偏見訓練。」[14] 他後來成了星巴克的執行長。

透過更了解討論中的個人也能改善覺察力。舉例來說，專業或私人關係，或強烈的看法可能會導致特定政策或個人受到

支持或反對，原因可能與事件本身都無關。最好在討論開始前就先了解對方的動機性推論是什麼，這樣做能幫助你決定該如何回應。

獎勵也能提高對偏見的覺察。舉例來說，組織文化可以更重視對任何偏見的討論，讓大家清楚了解對偏見的覺察在年度績效考核及升遷評估時都有重要影響。攤開來說清楚講明白也能避免毫無系統的做法，像是純粹希望其他人能發現自己的偏見，或（像是我的例子）會有同事指出來。

最後，鼓勵自我提問也能提升相關覺察。自問「有哪些原因顯示我最初的判斷可能是錯的？」有助於避免過度自信的問題。遇到可能被挑釁的時刻決定不要生氣，這樣做也能避免因強烈感受引發沒有助益的爭吵。

一個更深入了解問題背後原因的做法是「五個為什麼」，這是由豐田汽車的創辦人豐田佐吉（Sakichi Toyoda）所發展出的一套技巧。指的是連續問五次「為什麼」來發現問題的根源。每個答案都成為下一個「為什麼」的基礎，讓你能越挖越深，了解應該做什麼，而不是得到第一個答案之後就停下來，以為已經找到答案。[15]

為什麼今天回應顧客的速度這麼慢？
有員工生病請假。

這個狀況對生意很傷，為什麼沒有備用人力？
因為其他部門不願意釋放人力。

為什麼不願意釋放人力？
因為沒有激勵他們的動機。

為什麼沒有激勵的動機？

因為每個部門都自己做自己的，互不溝通合作。

為什麼不檢視獎勵政策，試著改善大家各自為政的狀況？好主意。

注意到我們的感受和信念只是開始。我們接下來需要找到方法降低任何感受和信念的負面影響，尤其是偏見，因為偏見會傷害我們的判斷力。以下篇幅能提供一些想法。

▶▶ 測試並改善想法

任何判斷都帶有其根本假設。測試判斷是否帶有偏見或結合了價值觀，做法包括讓假設變得更清楚，並針對假設進行提問，例如提出對立的論點。通用汽車創辦人阿爾弗雷德・P・史隆（Alfred P. Sloan）做過一件眾所皆知的事，就是邀請同事再三思：「如果我們全部都同意這項決定，那我提議大家在下一次開會前先暫緩進一步的討論，讓我們有時間想一下反對理由，說不定也能更理解這項決定到底意味著什麼。」[16] 問問類似以下問題：

- 「這類思考方式在過去是否引發問題？」
- 「其他人是否曾認為我容易過度樂觀／過度謹慎？」
- 「如果發生相反的結果，我會感到意外嗎？」
- 「我最初的判斷為什麼可能是錯的？」

能幫助我們發現存在哪些假設，其中也包括偏見。成立小組或詢問更多不同的人，包括那些我們知道抱持著不同觀點的

人,這些做法不僅能測試想法,也能提升現有想法的品質。舉例來說,應徵新同事時或許能找其他人一起參與,藉此減少純粹因個人對應徵者感受的影響。獵才顧問公司哈克路特(Hakluyt)的馬修‧沛帝格魯(Matthew Pettigrew)解釋說,他的公司不是將一種偏見換成另一種,而是從應徵者職涯的不同面向中盡可能搜集各種不同觀點。「我們能做得越多,就越能找到對方的行為模式,了解他們真正是怎麼樣一個人。」

對於有許多不同利害關係人的公家機關及非營利組織來說,諮詢特別重要。在兩個不同狀況中,一次是我主持一個公家機關的改變專案,另一個則是擔任倫敦商學院院長的時期,我知道諮詢所有相關利害關係人不僅能確保政策考量到不同的觀點,也能預先為任何問題或反對意見做準備,確保改善措施能執行下去。

▸ 使用規則及流程

要推廣價值觀或避免感受和信念的負面影響,一個更直接的做法是具體指出在做選擇時要遵循特定做法。在模型、樣板或核對清單中可以納入規則與流程。這在職場是很常見的做法,像是非常詳細的飛行前機長安全檢查清單,或在進行專業判斷時採用其職業價值觀指導方針。在提供會議非正式的指導準則時也很實用(「要確保你每次都會詢問莎拉的看法,她不會主動說,所以你需要問她」)。在涉及感受及信念(尤其是偏見)上,很重要的一點是,找到方式確保與選擇相關的變數不會受到某個人觀點主導。

使用規則及流程指的是明確說明處理問題的方法。一個例子是在描述應徵工作內容時,要求使用中性詞彙以避免性別偏

見；或者像某個交響樂團據報歧視女性樂手時，以「盲審」(blind reviewing)方式排序或選擇應徵者，因為「指揮家如果能看到樂手，便無法針對樂手表演的好壞進行公正的判斷」。[17] 所以，他們在面試所有應徵者時都隔起屏幕，讓做判斷的人能全神專注在音樂上。

規則及流程中若能要求檢視做的好與不好之處，也能藉此改善當責並從中學習。不過，雖然「事後檢討」(譯注：post-mortem 同時也有驗屍之意)的方式很常見，另一個比較鮮為人知避免偏見的技巧則是「事前驗屍法」(pre-mortem)。藉由想像判斷失靈或計畫失敗的方式，預先做好準備，倒推回去找出哪些原因可能導致結果失敗。丹尼爾・康納曼教授在某次訪問中這樣說：「假設現在的兩年之後，我們針對思考的問題做了決定，結果發現是一場災難。現在，你面前有一張紙。以列點方式寫下災難的歷歷。這就是事前驗屍檢討法，這是一個很棒的想法。」[18] 在某些國家，監管機關會要求金融機構進行類似事前驗屍法，透過壓力測試去模擬可能不利情況下會發生什麼事，例如高通膨加上低經濟成長的情況。

使用流程也能透過提升個人當責的方式降低偏見的影響。舉一個升高承諾(escalation bias)的例子，策略領域的教授佛里克・威爾穆倫(Freek Vermeulen)與尼羅・希瓦納森(Niro Sivanathan)發現啟動一項計畫的經理更可能會繼續對該項計畫投入資金，就算遭遇失敗也如此，可能性高於計畫開始之後才接手負責的經理。同樣地，核准一項貸款的銀行主管往往會持續擴大他們對風險很高的貸款人的支持，核准對方更多貸款。他們指出，如果把責任交給不是倡議或啟動某件事的人，這類偏見的可能性便會降低。因此，威爾穆倫與希瓦納森的結論

是:「將做出最初借貸決定的人與負責後續再貸的員工分開的銀行,相較於都由同樣的人經手的銀行,表現更好。」[19]

▸▸ 更加坦誠公開

在討論事情時如果能坦誠公開地討論這些感受及信念,將能降低它們對判斷的傷害。如果那些不同意的人可以說出他們的想法,不怕會受到驅逐、羞辱等懲罰,才有可能創造出更坦誠的環境。艾美・艾德蒙森(Amy Edmondson)教授寫過這樣的坦誠公開就如同擁有心理安全感,相信不會因為提供建議、想法或表達質疑或擔憂,而受到懲罰或羞辱。[20]

這樣的安全感由組織文化所創造,但關於組織價值觀只有立意良善的口號並不足夠,必須實際藉由實踐來展現。當會議主席忽視或羞辱其他成員,或甚至是(由現場年資最深的人)先表達自己的看法,導致表達反對意見變得危險,這些行為很輕易就能摧毀安全感。

創造一個大家能表達看法而不會受到攻擊的環境,能鞏固坦承公開的氛圍。(「瑪莉,我知道你對這個提案存疑,我想再聽聽你的看法」;「金,我知道你才剛加入團隊,我們還沒有機會完整向你介紹,但很歡迎你提出新的觀點」)。在團體中創造正確的氛圍意味著要確保異議者有「安全的空間」能表達想法,不會覺得自己會被絕大多數的人驅除出去。

如果討論的核心是動機性推論,會議主席也能透過點出這點來幫助所有的人(「我們都知道亨利做為IT主管很熱情投入,但我們也想知道其他同事對於升級的提案有什麼看法」)。我知道在某間公司,參與會議的人被要求在討論特定重要議題前公開自己關注的議題及感受。(「我不反對這個想

法，但我反對在財務如此緊縮的時期進行任何擴張」）。

改善做出結論的過程

有非常多行之有年的方法能夠藉由減少特定感受及信念的問題，改善做結論的過程。我們在第八章會進一步再詳述，包括對假設或分析提出疑問、找出其他不同的看法、檢視使用的樣本並權衡牽涉的變項、要求更多的證據、改善對證據的闡釋。

這些都是做選擇時很正常的一環，但如果擔心沒有考量到價值觀或出現偏見時，可能就需要再多強調以上做法。舉例來說，對假設提出疑問可能包括直接詢問開放性問題（「我不確定 8% 的成長是從哪裡得出來的——你可以解釋嗎？」），而不是詢問是非題（「我們不是應該以 6% 做為目標，而非假設 8% 的成長？」）。

改善做結論過程也意味著，在做選擇時要保持正確的心態。例如開會前看看是否有議題或人會讓你情緒上來，讓你對自己說出：「我不喜歡卡洛斯。如果他同意，我就反對。」你跟卡洛斯爭辯時可能會獲勝，但卻會輸掉判斷力的戰役。或者，如果團體討論激烈，休息一下讓大家冷靜下來有助於達到更好的結果。布拉德利・弗萊德（Bradley Fried）爵士曾擔任過許多組織的重要職位，他解釋自己擔任會議主席的做法是在會議前想想議程和哪些項目可能會讓大家變得情緒化。他建議在會議前和做簡報的人一起消化議題，同時也讓大家注意到哪些會讓自己的偏見「上鉤」。他告訴我說：「做一個有效的會議主席指的是專注在議程及議題上，不受到太多個人看法影響。你需要得出思考周全的判斷，不受到你或其他人的偏見影

響。」

最後，一個能改善得出結論流程的做法，是讓自己處於正確的心態 —— 當氣氛瘋狂、不加質疑地一股腦熱衷投入，或純粹精疲力盡時都很難做出判斷。不只一位執行長向我推薦暫停一下的好處。有些人認為冥想不錯。還有些人表示正念幫助他們察覺到自己的情緒，並更能善加利用。這或許也是避免過於反應性且過於情緒化回應的方法。

針對特定偏見的直接行動

一如用來減少偏見的一般性行動，必要的話還可採取特定行動減少個別偏見。例如，針對重大專案過度樂觀的狀況，可以要求時間與預算超時的額度，比如微軟就曾要求增加突發應變時間。要求增加額度的餘裕，而非可有可無的目的是，因為支持專案的人在提案時，可能不願意承認時間超時、或預算超支的風險，雖然這類專案的證據顯示，樂觀偏誤是常態，而非例外。

再舉幾個其他例子看看：

- 承認出現偏見的可能性（「針對如此情緒性的議題真的很難保持客觀，但為了組織的未來，保持客觀真的很重要」）。
- 提供一份確認清單，確保系統化的流程，雖然會有形式上「打勾」而未能有效檢查的風險。
- 邀請其他人參與，藉此讓團體思考更多元，避免陷入團體迷思。

07 感受與信念　123

- 就像阿爾弗雷德・P・史隆所說的，要求考量其他選項，藉此挑戰現狀偏差，或可以問自己或其他人：「如果我或我們不是處於目前情況，我或我們當初會做這樣的選擇嗎？」
- 詢問機率，藉此挑戰過度樂觀的預測。
- 透過要求對方解釋某個類比為何與討論中議題有關，質問這個類比的基礎（「這就像是我們成功拓展 18-30 歲的市場」）。
- 在團體中匿名投票或透過受信賴的外部人士提供觀點，藉此避免出現大家不願公開反駁更資深成員的向日葵偏誤（sunflower bias）。

把事情做對

　　德國能源公司萊茵集團（RWE）的財務長分享，公司檢視了一個耗資超過百億的專案後發現許多偏誤，包括現狀偏誤、確認偏誤及向日葵偏誤。公司因此改變做判斷的方式。現在，不僅會在討論前將存有的偏見攤開來講，異議不但能存在，還會被積極鼓勵提出反對意見，必要時甚至會指派一位反方代表（請見第九章）。員工會上自我覺察、風險分析、如何減少偏見等訓練課程，例如使用事前驗屍檢討法、邀請外部團隊以不同的觀點檢視現有假設。新做法很花時間，因此只用在最重要的判斷決策上（他們也建議開始一項測試水的試辦專案）。透過創造一個能改善偏見的正確文化、依此訓練員工、由資深管理階層樹立典範等做法，這間公司創造了真正的改變。[21]

08 選擇

不帶傲慢地維持你的判斷,確認你用可靠的方式進行探究。
—— 古羅馬哲學家皇帝,馬可‧奧理略（Marcus Aurelius）

判斷框架

```
┌─────────┐  ┌──────────────┐  ┌─────────┐
│ 2. 覺察 │  │ 1. 知識與經驗 │  │ 3. 信任 │
└────┬────┘  └──────┬───────┘  └────┬────┘
     │              │               │
     └──────────┐   ▼   ┌───────────┘
                ▼       ▼
          ┌──────────────┐
          │ 4. 感受和信念 │
          └──────┬───────┘
                 ▼
          ╭──────────────╮
          │   5. 選擇    │
          ╰──────┬───────╯
                 ▼
          ┌──────────────┐
          │ 6. 執行（決定）│
          └──────────────┘
```

你如何決定是否步入婚姻？一如班傑明・富蘭克林（請見第 35 頁），演化生物學家查爾斯・達爾文對此列出優缺點。但和富蘭克林不同，他的做法沒有系統性可言。一邊是擁有小孩（「如果幸運的話」）的優點、陪伴、無盡工作的貧乏（「像是一隻沒有生殖能力的蜂，不斷工作，最後什麼都沒有」），另一邊則是失去自由、花費、必須工作才能支持家庭。還有略為哀怨的「說不定我的太太不會喜歡倫敦。」他的結論是什麼？「結婚－結婚－結婚，證明完畢」似乎是個不錯的結論。[1] 他和艾瑪・威治伍德（Emma Wedgwood）的婚姻一直延續至達爾文於 44 年後辭世，他們有十個小孩。

幸好，我們大部分的判斷都比是否要結婚更容易些。對於我們每天要做的判斷不需要太多分析，因為先前已經做了很多次類似的選擇，風險通常也很低。我要走路還是開車？要吃水果還是巧克力布丁？應該看電視還是準備好明天的報告？不管是在工作或私人生活，重複做同樣的事情第一百次應該已輕鬆自如。我們可以從龐大的知識與經驗庫中決定如何回應同事、是否介入會議討論、回答棘手的顧客來信。

當遇到不熟悉、風險高、很大或很重要的議題時，問題就來了——如果還綜合以上要素就更麻煩。如果我們第一次造訪一個危險地區，東道主或許會說一定要坐車，走路太危險。醫生可能會建議不要吃甜點，因為膽固醇太高。選擇看電視，而不是準備工作簡報，到時報告可能會表現不佳。針對那些不熟悉、危險、重大且風險最高的議題，最需要有好的判斷。

「選擇」的意思很多，端看你是心理學家、決策科學家、行銷專家或純粹在日常對話中使用這一詞而決定。針對判斷過程，我使用的「選擇」一詞包含：

- ◆ 選項如何呈現
- ◆ 用來考量選項的分析
- ◆ 誰做決定、怎麼做出決定的
- ◆ 結果

來看看做選擇的各個過程與判斷相關的一些議題，以及如何處理。在許多案例中要做什麼還蠻直接了當，在這類狀況中的行動是要處理問題，或不要掉入陷阱。

如何呈現選項

有人必須選出要提供給你的選項以及選項呈現的方式（這個過程稱之為框架），這些都會影響你如何決定。舉英國決定是否脫歐的公投為例（我要聲明自己的立場，我投票反對脫歐）。「英國為拙劣框架呈現的選擇付出代價，」理查‧塞勒（Richard Thaler）教授為《金融時報》寫的文章標題如此寫道。他寫道，公投的基本原則就是選擇越複雜越不理想。在交付給選民投票的議題中，沒有比是否脫歐更複雜的選擇了。」[2] 塞勒與凱斯‧桑思坦（Cass Sunstein）在突破性著作《推力》（Nudge）中提到，選擇呈現的方式會影響我們生活中許多重要選擇：從對食物的態度、繳稅到氣候變遷。他們建議，給那些做選擇的人一點「推力」可以鼓勵他們採取有助於自己的行動（像是為退休儲蓄），雖然他們一開始可能不願這樣做。[3]

然後是針對某個選擇，為什麼只有特定選項可以選的問題。可能有其他還沒被考慮過的選項，甚至是極端的選項。舉例來說，一個行銷團隊需要找到方法把新科技產品賣給醫院，

08 選擇　127

而醫院則面臨接下來資本預算將被砍掉的處境。由於碰巧得知目前預算不受威脅，他們受此啟發，改推出租方案，而出租方案的款項則由醫院現有預算所支付，行銷團隊因此創下更好的業績。科技巨頭 EMC 面臨樽節開支的危機，沒有選擇裁員，而是接受員工建議每個人都減薪的做法。[4] 其他應該拿出來討論但往往未能做到的選項例子包括降低風險，像是試驗性推出產品或服務，或等到缺漏的關鍵資訊出來再作決定。

也可能出現選項太多的狀況。對於太多選擇，顧客可能會感到混淆。像是進到店裡準備買一樣很簡單的東西，結果卻發現有好多之前從來不知道的選項可以選擇。像是上網試著從各種宣稱「我最棒」的選項中抉擇。選擇更多不一定會構成問題。在一個著名的研究中，一名研究人員發現在更多選項中作權衡的執行長其實能更快做出決定。[5] 假設你想要找到方式先過濾出選項的數量，不管是透過品牌聲譽、獨立排名表等，選對過濾方法是關鍵。

對的過濾方式指的不只是選擇的方法，還包括如何使用這個方法。蓋布瑞·亞當斯（Gabrielle Adams）教授在其關於選擇的研究中發現，在關於物件、想法或情況的特定情境中，人們往往會限制可能想法的數量，避免選擇過多。並可能因此排除掉更好的選項。[6]

就如同呈現選項數量的狀況，呈現的方式也可能造成問題。如果一位經理提供難以消化的資訊、難以理解的計算或一大堆行話與縮寫，選擇便很有可能變得更困難，或許還會因為誤解而選錯。未能清楚呈現選項會造成混淆，無從得知到底有什麼風險，並因此驅使大家選擇容易理解而非最好的選項。

晦澀難解的情況可能不是故意造成，有時候提供文件的專

家並不知道讀者並非專家。在其他案例中，資訊在送出前可能沒有被確認或編輯過。很差的呈現方式會阻礙我們無法看到全局。更令人擔心的狀況是，資訊可能會被故意用某種方式呈現，導致我們難以理解。舉例來說，顧問收取費用的基準常常不是很清楚。

所以要如何處理選項呈現的方式？如果截至目前為止，你都好好遵循形成判斷過程的要素：找出已知、要相信誰和相信什麼、意識到接收到哪些資訊、感受和信念的影響，相較於莫名做出的選擇，你有更多機會做出好的判斷。不管在哪種情況下，你需要檢視選擇形成的方式，看看是否有出錯、偏見或省略的情況。我們是否被引導做出特定的結論（「你有兩個選擇，其中一個真的很爛」）？選項是否太多而難以做出選擇？對於全新、不確定或風險很高的選擇，以上問題特別重要。

要特別小心「只有一個選項」的情況。你要了解為什麼其他選項都遭到排除。保險公司勵正（Legal and General）的前執行長提姆・布里登（Tim Breedon）向我提到不被限制住很重要，意思就是只獲得有限的幾個選項，其中只有一個可行或能被接受。

如果你覺得選項太少，一個顯而易見的反應就是要求更多選項。但這樣的反應比你以為的還要少見。史蒂芬・強森（Steven Johnson）在其著作《三步決斷聖經》（Farsighted）中引用丹和奇普比較保羅・C・納特的大型研究計畫與青少年決策的相似之處：

> 納特研究的驚人發現如下：只有 15% 的案例會出現一個階段，此時做決策者會積極尋找最初提供

選擇之外的新選項。在後來的研究中，納特發現僅29%的組織決策會考量超過一個以上的其他方案。丹·希思和奇普·希思在他們的著作《零偏見決斷法》中比較納特的研究與另一個針對青少年的研究，在後者的研究中發現青少年做選擇時面臨幾乎相同的狹隘狀況：在面對生活中的個人選擇時，只有30%的青少年會考慮超過一個以上的其他選項。（一如他們所寫：「大部分組織使用的決策過程似乎都和賀爾蒙狂飆的青少年一樣。」）[7]

你要確定問對問題。舉例來說，在2007-2008年金融危機初期，美國除了銀行國有化之外，似乎沒什麼其他選擇。但財政部長提姆·蓋特納（Tim Geithner）表示反對。歐巴馬總統對他提出質疑──他是否夠激進（radical）？蓋特納回憶道，他們針對到底是否可行「進行了非常艱難的對話」。總統進一步想了解他為何如此有自信、能夠如何保證、是否考量了所有選項。蓋特納成功說服總統：「我告訴他我當時的判斷是我們別無選擇，必須繼續我們已經啟動的事情。」在這個例子中，指的是支持整個金融系統。[8]

如果你認為選項太少，如同歐巴馬總統的例子，你應該檢查選項是如何被刪除的。你可能會發現，無論有意無意，有些選項最終沒有被提出來（「我們不覺得你會想要這樣做」），必須再增加其他選項。舉例來說，被刪除的選項中可能包括什麼都不要做。

不作為看起來可能不是個好主意。史蒂芬·平克（Steven Pinker）講到沉沒成本偏誤（sunk cost bias）時提到：「我們試著

回收沉沒成本,因此巴著壞投資、爛電影、負面關係久久不放,」但在特定狀況下,可能需要納入這個選項。9

一位律師告訴過我,當不安的律師以為做很多事會讓客戶印象深刻,官司就會因此輸掉。其中一位律師麥可‧薛瑞德(Michael Sherrard)被問到自己得到過最棒的建議時,他回答說:「有疑慮時,什麼都不要做。」如果你需要更多時間或資訊才能理解現有的選項時,不應該害怕將現狀納入其中一個選項。

也可考慮做試驗或試辦方案,用更系統化的方式測試這些選項。有可能是在一間店裡、小鎮、地區或國家試賣一個新產品,只針對一群人測試新的薪資獎勵系統。可以在特定一段時間內進行試辦,例如處理顧客投訴的新方法。在選擇新的供應商時,可以先合作幾個月就好。新同事可以先以試用期聘雇。

如果選項太多,第一個要問的問題是:這個選擇有多重要?行銷領域的教授西蒙娜‧波提(Simona Botti)告訴我,當面對很多選擇時,應該選擇願意投注時間的選項。對於值得考慮的選項,接著需要找到淘汰的基準。在個人優先順序的例子中,比如一天、一週或一個月該如何花時間度過,我們可以進行排名,選擇最後名列第一的選項。

同樣地,如果你要選新的供應商,你唯一的基準可能是價格。價格往往是我們買東西時用來排序的依據(比如價格越低越好),雖然並非總是如此:我們可能接受價格較高的報價,認為品質會因此受到保證。但在低價代表品質粗糙的例子中,對於兩者間的權衡取捨必須透過判斷找到正確的平衡,不過實際情況並非如此直接了當。

這裡的重點是,我們已經仔細思考過淘汰過多選項的基準,或如果其他人已淘汰完畢,我們也能接受他們的做法。有

08 選擇　131

所疑慮時，或許可以找一個觀點可靠、獨立的一方來協助。

針對資訊呈現方式不佳的問題，假設提供選項的人有責任清楚呈現，而不要覺得這是你讀不懂或聽不懂的問題。有好幾次，同事在會議後向我承認他們不懂討論用的文件。如果你不懂這份文件，而這份文件又很重要，請要求對方說清楚。這不只是做做表面罷了──你也會想知道提供資訊的人自己是否了解，沒有試著想矇騙你。

這也是應該在會議前而非會議過程中閱讀文件的原因：事前說明清楚，讓你有時間影響結果，而不是將時間都花在理解議題上。如果你在擔任會議主席時擔心與會者不太理解主題，可以引導報告的人如何更清楚呈現。

分析考量選項

在做選擇時，數字看似令人安心。選項一要花六天，但選項二只要五天。那就決定是選項二。選項 A 會得到 10% 收益，選項 B 的收益則是 6%。我們當然會挑選項 A。

毫無疑問，你已經看到純粹依據資訊做選擇的真正問題。預估是誰給的？有多可靠？更高收益的風險是什麼？需要天數比較少的證據是什麼？不管統計技術有多複雜精密，都不能理所當然地接受數字依據的基礎。

其他還包括牽涉這些預估及相關風險的假設，還有許多其他因素需要考量。不同變項、假設的權重，例如就生產力來說，包括財務、預算超支的突發狀況等，這些都是在看兩個數字時可能需要提出的問題。如果假設是基於錯誤前提，分析結果將很危險，結論也會有瑕疵。許許多多失敗的合併與收購案

件都是實際例證。

當判斷是基於論述而非數字時，在分析選項時的潛在問題也和基於數字做判斷時會遇到的問題類似，不管是出於無知、沒有經驗或特意操弄。但論述之不精確又和數字不同，做為判斷的原始素材各自要給予多少權重、彼此間的權衡取捨等都視闡釋不同而異。

例如為了讓案子如期交出，往往要在成本與時間之間做出妥協。為了如期完成而加速進行，預算超支的風險可能變大。要做出的判斷可能是到底要如期完成，還是暫停一下，等拿到更多資訊或資源，或檢視專案的可行性。對於這類的權衡沒有「正確解答」，一如判斷力，都視情況而定。

在分析選項時，要避免任何選擇上的困難是採用捷思法。這些捷徑能幫助人不需停下思考就能更快速有效率地做出判斷。風險低的狀況非常適合用捷思法做判斷。一如捷爾德·蓋格瑞澤（Gerd Gigerenzer）及其同事所定義的，「快速省力」的捷思法是在生活中探索較不費力方法的基礎。[10]

但因為這些方法不會考量到情境，在處理複雜問題時，捷思法的風險很高。一如丹尼爾·康納曼教授指出：「在小心推論之外還有捷思法這個另一種做法，有時很好用，有時則會造成嚴重錯誤。」[11]

在試著改善考量選項的方法時，有許多方法可以使用。其中三種方法是更深入的分析、風險分析、權衡取捨。

更深入的分析

選擇過程中很重要的一環是確保呈現的內容受到嚴謹的提

問,包括針對主要假設、模型中不同變項獲得的權重、用來得出結論的樣本等等。假設或許沒有寫出來(偏好來自同樣背景的人、一開始採用其實已經知道答案的觀點)、權重分配可能不清楚(大部分的權重都分配給行業知識而不是個人特質)、樣本可能有偏誤(更強調近期所看到的、印象更深的,這是近因偏誤與顯著性偏誤)。

批判性思考的做法也可能改善選擇的過程。批判性思考指的是透過懷疑的思維整理並評估證據的方法。你可能本來就會這樣做了,這是一種讓過程更系統化的做法。一如某篇關於公民領袖的文章如此寫道:「更好的判斷力始於個人投入發展基本批判性思考技巧⋯⋯具備批判性思考的人自律且能自我修正,他們總會注意到嚴重錯誤、偏誤、機會錯過的可能性。」[12]

在搭配使用數字的方法下,嚴謹的探究提問指的不只是檢視任何統計技巧的方法(例如和機率有關的分析),也會檢視假設,就算是由公認的專家所做出的假設。這種方式特別適用於前提或預測,因為不管給出的前提或預測多肯定,都只是估計罷了。在進行分析時,不要被一堆小數嚇到或欺騙了(「99.99% 準確」),因為一旦需要預測,便需要運用判斷決定要使用哪種假設。以 AI 的應用為例,要留意寫程式時所帶入的人為影響(以及人類可能帶有的偏誤)、選擇用來「訓練」數據的樣本、使用數據的品質管控、對於結果的解讀(圖 7)。

如果提出的內容「就像是」我們曾經做過的(「提出的投資人簡報會跟去年在日內瓦成功發表的簡報一樣」),請檢查這個類比的相關性。如果提出了比較(「我們的競爭對手都已經這樣做了」),請檢視這些比較是否合適且相關。競爭對手都已經「這樣做」的確切內容是什麼?但有些比較可能會有幫

圖 7　AI 中的人類干預

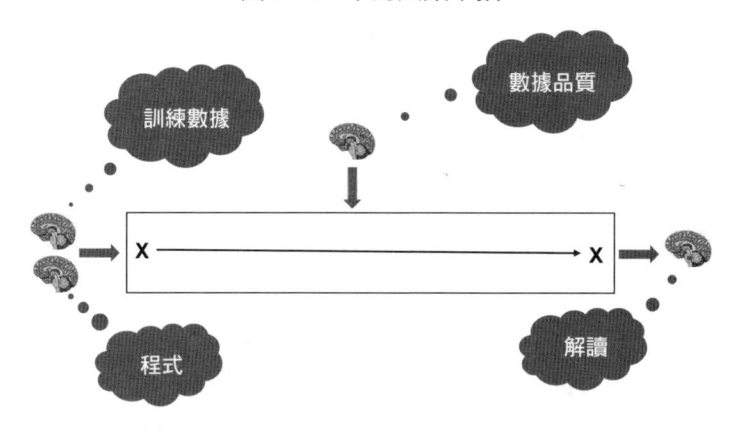

（訓練數據、數據品質、程式、解讀）

助，如果沒有任何比較，問問為什麼沒有，如果你覺得被漏掉了，則要求對方補上。

風險分析

呈現選項時應該都要加入風險分析。就算假設所有提出選項的風險都類似，也應該將這個假設提出來，必要的時候對此假設進行提問。

在辨認風險時，系統性分析很重要，要如何減少風險也同樣關鍵。對於規模較大的組織，可以用風險控管表中的風險清單細項進行比對。對於規模較小的組織來說，就算沒有一份正式的風險控管表，在選擇過程中風險分析對其生存也同樣重要，不亞於規模較大的機構。會提到這點是因為就我個人觀察，許多新創公司在興奮與焦慮中進行重要判斷時，往往沒有系統可言。

進行風險分析時也需要說清楚風險胃納或風險容忍度的

程度。對於某些活動，錯誤無可避免，也需要理解會出現這樣的影響。在新冠疫情爆發之初，羅盛諮詢公司（Russell Reynolds）針對一群執行長做了一項研究，發現執行長的樂觀程度會影響判斷。研究發現，執行長做的情境規劃往往過於樂觀，都是針對過去曾經發生過最壞的情況，而非未來可能發生的最差狀況。研究結論認為，管理階層需要為史無前例的情境進行規劃，往後倒推回比較可能的情況。[13]

另一方面，如果情況不容許錯誤發生，那可能代表風險容忍度過低，在害怕失敗的狀況下，負責的人動機可能都將聚焦在避免出現損失。這或許比較適合公部門或非營利組織領域，但不管是哪種活動或組織，問題在於管理風險，而非避開風險。

管理風險不在於審慎，而是了解有哪些風險，並採取合適的行動降低風險。在此「合適」一詞很重要。矽谷銀行持有政府債券，想藉此降低風險。銀行計劃將這些債券持有到期。還有什麼比這樣做更安全的？但這些是長期債券。所以隨著利率升高，債券的價值跌落，導致銀行出現損失。矽谷銀行最終必須賣掉債券來因應大量擠兌潮，因為許多存款客戶帳戶中的現金特別容易受到利率升高影響。矽谷銀行因此倒閉。這間銀行不是唯一沒能徹底理解風險的一方。信用評等標準普爾公司（S&P）曾提到：「在面對提款時會有流動性風險」但仍給予矽谷銀行投資等級的評等。[14]

風險分析中，務必要檢視涵蓋了哪些突發應變情況。如果答案顯示資訊不全，或沒有考量到突發狀況，這件事本身就是令人擔憂的訊號。如果找不到突發狀況，檢視看看原因。可能被隱藏在其他數字中或被忽略了。如果是前者，則說明清楚；

如果是後者，考慮是否有需要納入。

在分析選項時，你需要檢視分析中使用的證據品質。舉假顧客評價為例。英國的消費者倡議雜誌《Which?》發表了一份尖銳嚴厲的報告，顯示有非常多假的顧客評價，許多賣家都沒有刪除這些假評價。這清楚告訴我們：在購買重要商品之前，不要以為看到有很多五星評價就夠了。使用捷思法也是如此。因為懶惰而一概而論或選擇讓你感到自在的陳腔濫調論點都很危險，但捷思法可在找不到任何與你當前狀況相關證據時使用。

權衡取捨

某些狀況無法做權衡取捨。有可能準時完成是成敗的關鍵，停下來思考或等待更多資訊是不明智之舉。但在多數選擇中都有一定的權衡取捨，你必須清楚說明自己願意妥協的程度。有可能是要在現行選項與找更多選項間做出抉擇，或可能是要在資訊不完全的狀況下完成與等待缺漏的資訊間做出選擇。（關於後者，有一位徵才專家告訴我，她請應徵者描述自己遇過的資訊不足例子，藉此了解應徵者如何處理其中緊繃狀況。）甚至可能會出現在憤怒時快速做出選擇與等待強烈情緒散去這兩者間的取捨。

思考權衡取捨不是要慢慢做，或只有得到完整資訊後才行動。在資訊的例子中，目標是要在時間允許下得到足夠的資訊做出選擇，在更多資訊與延誤的風險間作出平衡。

被迫作出權衡取捨時，可能需要對此做出提問。如果議題太晚提出，導致無法好好討論，便值得探究背後原因。我個人

經驗顯示，當資訊太晚提供時很少會有好原因，通常顯示尋找資訊有困難，或大家對此資訊意見不一。舉幾個例子，像是稽核員不同意財務長對於財務結果背後的估測，或內部團隊成員對於要將哪個版本的專案計畫提交委員會意見不一致。了解延遲提交的原因很重要。

還有一個警示訊號。當涉及截止期限時，查明設定的日期或時間是否是真的，還是為了對選擇時機造成壓力的人為設定。在被迫急著做出選擇時，你應該要知道如此匆促背後的原因。

誰做選擇？選擇是如何做出的？

做出選擇時要決定的下一個問題是：牽涉到哪些人？有些選擇最好留給個人決定，有些則是交給團體更好。兩者各有優缺點，雖然當老闆決定怎樣都要執行時，就沒有討論正確做法的餘地。但思考一下誰做選擇時所涉及的議題：

- ◆ 獲得資訊不全但看法強烈的老闆不但忽略大部分的論點，也不向他人諮詢。
- ◆ 委員會主席所知片面又看法強烈，忽略大部分的論點，且對同事態度強勢。
- ◆ 委員會因為成員各自有其盤算而導致看法歧異，無法取得共識。

不喜歡這些狀況嗎？那以下如何：

- ◆ 一位了解周全的老闆會先仔細傾聽各方論點並諮詢他人後再形成看法。

- 委員會主席熟悉議題，藉由仔細聆聽成員看法得出最棒的見解，並在情況適當下將這些觀點結合形成最合適的看法。

判斷的好壞不只和做選擇的是個人或團體有關，也和個人或團體做了什麼、如何得出結論有關。團體的領導不佳（由單一個人主導、未能善用團體的優勢）、成員素質低落（沒有經驗、欠缺知識）或互動氣氛不佳（無法清楚表達、無法取得共識）都可能傷害團體的判斷，以上列出的問題也可能傷害單一個人的判斷。

如果開會被認為是做判斷最好的方式，要確保能提供正確的條件，藉此提高達成目標的機會。方法包括：

- 透過會前會釐清議題，減輕正式會議的壓力以便做出選擇。
- 選出針對特定議題能有所貢獻的最棒人選。
- 對於重大議題，考慮是否應該有制衡措施，說不定可以納入外部顧問或評估人員，或安排另外的團隊獨立檢視同一個問題。

在會議中：

- 要留意討論議題的順序可能會影響選擇。例如，不要將最重要的決定留到議程最後一項，此時大家可能都已經筋疲力盡。
- 找到探究分析最好的方式。
- 對於既得利益與動機性推論持開誠布公的態度。
- 確保討論不會被個性鮮明強勢的人主導。

此外，和判斷過程的其他階段一樣：

◆ 提供一個在心理上有安全感的環境，鼓勵不同觀點，異議也能安全表達，容許極端或逆向思維的選項，並找出哪些選項沒有被考慮進去。

你還會希望確保「相關的其他人」，比如同事、組織或利害關係人，被諮詢或以其他方式參與，尤其是針對全新、具高度不確定性或高風險的事物。如果所處狀況因當責需要而必須做紀錄，像是某些專業、管制行業、公部門或非營利組織，你需要清楚說明必須有多少程度的諮詢，這不能是額外選項。

在做出選擇前，也思考會造成的後果及影響。一個可以自問的好問題如下：「我準備好向同事、資深管理階層、股東、媒體捍衛我的選擇嗎？」

選擇的結果

做出選擇後事情還沒有結束。我們的選擇給我們學習的機會──不只是選擇結果，也包括做選擇過程。這通常會有能夠學習的機會。一如本書許多其他部分的主題，在做判斷時應該藉機從過去經驗學習，改善未來判斷。不管是為了總公司或監管機構，當判斷過程必須白紙黑字記錄下來以確保有清楚的依據，一切都會變得更簡單。

另外還需要考量到我們的反應。當我們懷疑自己的判斷，可能會出現「買家懊悔」的狀況，不管是判斷做出後立即發生，或當我們有機會思考自己買了（或做了）什麼。或者，我們可能會合理化自己的選擇，藉此支持自己的判斷，像是告訴

朋友我們非常開心買了房或車,純粹只是為了說服自己這是個明智的選擇。

我們該如何回應?西蒙娜・波提教授建議,你需要擁抱自己的選擇,才能從中獲得最大價值。至於就算心中有所遲疑還是說服自己做了個好選擇,這樣的狀況其實人人都有。所以是否應該吹噓你的新房子、新車子、新買的便宜貨?真的只對自己吹噓就好!

09

執行

偉大的成就不是靠肌肉、速度、身體靈巧所達成,而是靠著反思、品德與判斷力。

　　　　——羅馬共和國晚期的哲學家,西塞羅

判斷框架

```
2.覺察        1.知識與經驗        3.信任
        ↘        ↓        ↙
            4.感受和信念
                ↓
            5.選擇
                ↓
        ( 6.執行(決定) )
```

在 1869 年建造蘇伊士運河大獲成功後，費迪南‧德‧萊塞普斯（Ferdinand de Lesseps）決心建造連結大西洋與太平洋的巴拿馬運河。但他發現，執行計畫在根本上有瑕疵，是基於極度不合適的假設，誤以為他在沙漠中挖掘蘇伊士運河的經驗也能適用於巴拿馬蚊蟲肆虐的叢林裡。不是只有他一個人對執行此工程的可行性抱持著這樣的假設。在法國，數以千萬計的人為此計畫投入資金，支持國家英雄。

在疾病、地質、資金不足的打擊下，德‧萊塞普斯放棄計畫，在法國丟盡顏面，還被憤怒的投資人控告扭曲事實。這項工程直到近 30 年後才由美國政府完成。

決定後卻未能體認到執行上必要因素，這種情況屢見不鮮，不只發生在巴拿馬運河。很多人都曾發現那些理論上聽起來很棒的事，實際執行卻是場惡夢，並因此付出代價。我們私人生活中也會遇到類似的情況，不管是房子改建或規劃婚禮。

來看看另一個例子：新冠疫情。政府發現，除了所有其他問題外，執行往往比決定要做某件事更困難。從獲得防護裝備到提供醫療協助，從執行封城到找到足夠的疫苗，執行就如判斷過程中所有其他要素一樣棘手。就算是疫情趨緩的期間，供應鏈中斷、通膨加劇、工作模式改變等狀況意味著個人與組織持續遇到各種問題。普魯士陸軍元帥赫爾穆特‧馮‧毛齊（Helmuth von Moltke）寫道：「任何規劃在首遇敵人之際必將失敗。」當新冠疫情是敵人時，這是非常棒的指引參考。

當然，判斷指的是形成意見與做出決定。對決策而言，選擇做出後才是行動 —— 不一定會立刻採取行動，但在某個階段會進行 —— 如此一來，決定的事情才能開始執行。問一個重要問題：「理論上聽起來很棒，但我們能做到嗎？」這是判

斷過程中的一環。決定要創新但卻無法貫徹執行，並非好的判斷。

相較之下，我們也可以對於人、情況、事件等形成意見，形成之後沒有後續行動。或者在一段時間後，我們的意見會衍生出行動。舉例來說，我們可能因為在另一間公司工作的某人處理事情的方式而欣賞對方，但沒有因此採取任何行動。如果我們幾個月後聽到這個人在找工作，可能會決定去了解，看看對方是否想要加入我們的組織。

成功的執行是良好判斷的一部分，儘管如此，很多做決策者還是抱持樂觀態度，以為做出選擇之後其他便會「如機械般自動運作」。的確，在做選擇時，分析往往不會針對決定的內容是否能執行做同樣嚴謹的評估。這真的很糟。畢竟，為什麼要大費周章經歷一連串做決策的過程，結果卻發現無法執行？

對於不同情況，「執行」的意思也可能非常不一樣。可能是小規模且私人的，像是決定後去找某人談談、同意會議的必要性後召開會議，或依照決定結果出差尋找新顧客。執行也可能是大規模並涉及組織，像是進行重大投資、關閉分公司或啟動惡意收購案。在這中間包括要達成目標的所有必須要素，確切要素有哪些則視情況而定。為了說明情況的不同，和各位分享兩個我個人故事。

我職涯之初在一間外表氣派但陰鬱的19世紀紡織工廠擔任成本控制員。這間工廠生產幾十億捲縫紉線，在其領域中曾一度是世界最大的紡織工廠。工廠的目標是生產長得一模一樣的縫紉線，畢竟這就是大規模生產的主要目的。在這類情況中大部分不需要判斷力，除了遇到非常偶爾出現原物料瑕疵、或機器壞掉的狀況。

快轉幾年後,此時我已經換過幾個工作,當時在研究北海油田發展。這個領域和縫紉線工廠完全相反,沒有任何事是確定的。地質很複雜、將油從深海取出的科技未經驗證、操作鑽探機的工人更習慣墨西哥灣溫暖平靜的氣候,而非既冷又暴風雨不斷的北海。因此,計算發展油田成本的工作基本上都是靠猜測。在鑽探取油各方面都需要用到非常多的判斷力。

這兩個天差地遠的環境說明,執行時的判斷力非常仰賴實際上要執行什麼以及執行的方式。對於全新、預料之外、知識與經驗都所知不多的事物需要運用更多判斷力。執行上的變動差異越小,所需的判斷也會因此降低:熟悉的部分越多、無法預期事件與改變發生的機會越小、參與者的相關知識與經驗越豐富。

處理執行上的判斷問題

執行上的問題直接來自上述的風險要素。一個常見因素是很難做出嚴謹假設,因為面對的是一項全新議題,不確定性高,變化性大,或許還因為缺乏經驗與知識而導致問題更為棘手。無論是產出或結果、收益、成本或完成速度,假設的品質都會對執行產生關鍵影響。

找到更多資源,像是雇用更多人力、聘請顧問或甚至請員工加班,這些通常是組織為了提高成功完成工作機會而採取的第一個做法。而這或許(又或許不是)很重要。但還有許多其他面向需要考量。

其中一個是資源規劃與控制,確保分配了資源(人力、金錢、設備等),讓執行過程能在效率高的狀態下有效進行。對

於涉及許多變項的複雜運作過程，這點特別重要，例如製造過程。資源規劃與控制包含許多面向，包括：

◆ 庫存管理：規劃並控制存貨流動，像是一間店裡能夠販賣的商品。
◆ 供應鏈管理：管理營運與過程間關係，例如提供貨物賣到另一個國家的供應商。
◆ 品質管理：執行中關於提供符合顧客期待商品的面向，例如在咖啡店或餐廳。

改善這類執行過程的方法，目標往往是盡可能優化運作及過程。吉姆‧瑞特克里夫爵士（Sir Jim Ratcliffe）就做到過好幾次。他具備化學工程師的背景，同時也是合格的管理會計師，並於倫敦商學院取得 MBA 學位。在不同組織取得經驗後，他的公司英士力（INEOS）向許多全球頂尖石油公司買下它們不想要的化學部門，並將這些單位翻身獲利。他結合技術、財務、管理技巧，專注在執行上，成為他打造全球規模企業的成功關鍵，雖然他現在更為人所知的成就是收購曼聯足球俱樂部股份，而非其商業上表現。

當執行過程涉及全新、變動性與不確定性高、沒有足夠相關知識與經驗的事物，便需要採取更具體的行動。以上要素越多，便需要採取更多的具體行動來提升判斷品質。其中有些涉及資訊，像是要確保一出現問題，反饋機制都能夠回報。有些牽涉到降低風險，像是避開價格攀升的風險。在彈性方面，需要多少則視情況而定。史蒂芬‧強森建議選擇「開始之後有調整空間的道路。決策的道路會依據你選定一條道路後能進行多少修補而異。」[1] 但在專案中，隨著案子進行，具體計畫不斷

變動，可能會導致避免成本攀升的彈性變得很低。[2]

　　一如判斷的所有面向，說清楚關鍵假設的依據也很重要。假設的推測程度越高，就更需要詳加說明並斟酌思考，讓所有參與的人都能意識到計畫牽涉了哪些──不管是有多少關鍵人員、重要的專業知識或足夠的資金。要特別小心的地方包括口號標語、浮誇的論述和一廂情願的態度或「魔法思維」──沒有足夠完成的資源卻仍決定要做某件事，許多大規模、一次性的計畫都遇過這類困難。找出假設是否基於充足的根據，並減少任何操弄的影響（詳下述）都非常重要。

　　過度樂觀很常見，不管是為新餐廳找到合適的員工、解決新 IT 專案的技術問題，或純粹假設去機場路上不會塞車，雖然出發的時間是尖峰時刻。和過度樂觀的人共事比和悲觀的人一起工作好玩，卻很危險，像是魔法思維。我曾參與收購一間紡織公司的資產，公司負責人看起來充滿魅力，所有人都被他的樂觀影響。對於任何悲觀的報告或不便限制的警告，他都輕描淡寫帶過（「不要擔心錢，我們會找到錢的！」），所以和他開會氣氛總是很好，他的同事都很愛戴他。對那些享受其中的人，很遺憾的是這間公司最後把錢燒光了。我們在公司清算後將其收購。

　　對於執行的假設過度樂觀可能不只是個性樂觀的結果。有可能是遭到刻意操弄，像是為了順利核准而故意調低估測。當有財務門檻時常常會出現這類狀況，像是必須有一定的投資報酬率提案才會被核准通過，或經費上限。於是，為了因應超過一百萬英鎊的案子都必須取得正式核准的規定，而將案子的成本削減至 98 萬英鎊。也不管所有參與規劃提案的人都知道成本絕對超過一百萬英鎊。當然，也有可能出現專案負責人純粹

09　執行

不知道最終成本或涉及風險為何，而未能納入足夠的應急經費來支付成本。

一如過度樂觀的狀況，可以從過去發生過的操弄狀況找證據，看看是否有類似模式，但不管是哪種狀況，務必仔細檢視需要獲得核准的提案，避免出現估算被刻意調低導致難以執行的狀況。但實際情況可能沒有這麼容易。那些認真對提案提出質疑的人可能會被認為態度負面，其他人在提案者煽動下相信案子有大好機會，甚至可能會回過頭譏笑提出質疑者。

另一個打破常態、機率低但風險高的狀況，則是 2022 年烏克蘭被侵略後食物與能源價格上漲。政治、法規、競爭者行為、天氣等都可能出現無法被正常預期的事件。

此處涉及的問題是能仔細檢視風險間的平衡，以及為了降低風險影響所採取的行動。低可能但高風險的事件很難以系統性的方式預測。組織需要決定當這類事件發生時，規劃了哪些因應的應急做法及備案。

首先一定要檢視提案或提供估算者過去是否有過度樂觀的紀錄，避免類似情況發生。過度悲觀的狀況則比較少見。對非營利組織來說，可能會因此規劃額外的應急措施來降低風險，藉此避免過度支出。但在這種情況下，設立應急方案（「你永遠不知道會發生什麼事」）會導致預算沒有使用到，沒有提供重要服務或未能進行必要投資。這類狀況也需要處理。

在執行時，缺乏承諾的狀況可能也很明顯。做決定時表面上承諾：「我要減重」「我只喝一杯」，可是一旦看到奶香濃郁的甜點就投降，或正餐都還沒開始，酒杯就神奇地空了。本來決定要參加訓練方案，或處理難搞的同事，但可能因為日復一日的壓力或害怕面談會被刁難而放棄。

有幾種方式也能發現其他人在執行時缺乏承諾。對於接下一份工作猶豫不決，最後勉強接受，這種狀況是很有用的提前警示。如果不清楚某個人執行任務的動機是什麼，則需要找出能促使他們執行的動機。如果仰賴的是其個人良善本質或樂於付出的態度，在壓力大的時候這兩者可能都不可靠。

　　包括缺乏承諾在內的種種執行上問題，往往會因為溝通欠佳而加劇。許多機構都因為做決定後未能溝通，而因此吃下苦頭，直到裁員或倒閉的謠言傳了數天或數週後才做出宣布。溝通不良的原因有很多種，包括參與的人與第一線脫節、經驗不足、職責不清，或牽涉內部政治角力。

　　大家往往會以為溝通沒問題，直到災難發生才發現其實不然。最好確認負責執行工作的人都清楚了解，彼此間的理解也與做決定的人一致。舉例來說，這或許包括針對各種可能狀況進行情境測試。這樣做不只是要增加預測數量，而是鼓勵參與者想像可能發生哪些狀況。

　　在執行時，最重要的因素或許是管理風險不當。因為沒有適當評估風險，導致看似很棒的選擇最終失敗，這不是好的判斷。理論上，執行上幾乎所有會造成問題的原因都至少能透過管理風險而降低，搭配應急方案以因應任何可能出錯的狀況。這在實際狀況中則行不通。若針對所有可以想像到的風險都設置應急方案，要執行任何活動的成本都會高到令人望之卻步。

　　在時機上也是如此。想像如果需考量到所有會讓你無法參加會議的情況。車子可能發不動，所以你要搭公車。公車可能會故障，所以你可能要走路到車站。火車可能不會行駛，所以你會需要搭計程車。有可能叫不到車，所以……你懂了吧。為了早上 11 點的會議，你可能需要日出前就出發。風險管理也

只能做到這樣。

風險管理的品質非常重要。能確保妥善考量到所有風險,將重點放在最可能影響執行的面向。說完了以上面向,有許多行動可以降低風險。以下是幾個更系統化的具體方式。同樣地,方法合適與否視特定情況而定。

- 在一定時間內進行試驗或試辦活動。像是對新聘雇的人員採取試用期的做法。之後再評估結果,看是否要進行普遍適用或永久的改變 —— 在試用期的例子中,則是提供正職合約。
- 採用事前驗屍檢討法(提前設想各種事情失敗的可能原因,然後倒推回去找到可能的解釋,藉此採取行動降低風險)。
- 扮演反方代表。針對已經獲得許多支持的觀點,指派某人代表反方立場,藉此更仔細思考其論述。其中一個源自於軍事的版本是創造兩個對立的隊伍(通常會取顏色的名字,像是「紅隊」和「藍隊」),將不同觀點的提案交給一整群人或資深管理團隊。這樣的做法能給大家明確的角色,在特定議題中這樣的做法更為合適。
- 要求個人針對議題選擇一個立場,或長期發展對該議題的專門知識,藉此在沒有外部人士參與的狀況下更持久地增加觀點多元性。
- 從過去數據中找到新資訊。舉例來說,可能是使用 AI 預先找到問題,藉由使用數據找到過去用傳統方法不容易發現的模式。
- 找到發生機率低但對執行會造成極大風險的因素(惡劣

天氣、匯率震盪劇烈、供應中斷），擬定概要計畫因應：例如購買遠期匯率以避免不利發展，或累積庫存以避免供應中斷。

透過第三方執行

當執行過程牽涉到組織外部單位，像是承包商或外包夥伴，通常會透過一個流程決定該工作基於成本、品質或其他標準，無法或不應該在內部進行。至於和執行品質相關的判斷，一般外包的流程會找出風險面向，從最基本擬定哪些合約開始。準備的工作會需要廣泛預測可能會發生的問題，包括技術、合約、管理上的各種問題，以及如何處理及解決這些問題。

需要找出有風險的面向，包括如何評量績效、如何決定合約內容的差異。接著必須建立風險降低措施，像是找到管理職責、提供合適的應變計畫、確保有適當的管控及資訊系統。

降低風險同時也代表弄清楚剩餘風險。假設你要發包一個工作，有可能是客服中心的員工、低成本製造商製造的商品、一個全新 IT 系統的軟硬體及服務方案。以上所有都可能出現承包商無法成功執行交貨的風險。那些提供固定價格外包工作的人，往往以為是承包商要擔負剩餘風險。但實際上，承擔的往往是發包單位，因為如果承包商無法如期交付，或表示無法完成合約內容，則組織便必須倉促找尋新的供應商或承包商。在新的應變方案下，可能要付出更高價格讓計畫如期交付或讓顧客滿意，避免供應中斷或工作中止。一想到要針對有爭議內

容進行漫長又昂貴的訴訟，訴諸法律決定誰對誰錯往往不是一個吸引人的做法。承包商甚至可能會宣告破產，避免因沒有如期交付而被控告。在這些例子中，發包的組織承擔著剩餘風險，而非承包商。

執行的未來：機器有辦法做出判斷嗎？[3]

這個答案對我們所有人都很重要。判斷對人類活動至關重要。關乎數以千百萬計的工作。

AI 的影響在我們周遭比比皆是。企業招募時越來越常使用 AI 來篩選應徵者。AI 臉部辨識可以掃描潛在借款人，了解其還款意願。這是自駕車發展的關鍵；這是法律事務所及投資銀行進行內容分析法的基礎；在醫療診斷上的表現更勝過人類。對於標榜著「智慧」（intelligence）的東西，很容易就會被認為也具有判斷力。

為了說明這點，一起透過購物來了解。你家附近的超市使用了非常多 AI 應用技術。最明顯的收銀台刷過條碼後，資訊會被輸入複雜的庫存系統，讓貨架上補滿你和其他顧客想要買的商品。與此同時，精細的攝影機和「智慧貨架」則能追蹤扒手。而在賣場以外的地方，AI 程式則運算隨時提供正確商品的最好方式，包括規劃天氣短期造成的影響。在總公司，AI 被用在模擬策略、市場趨勢、財務規劃、支付供應商等。

但除了一些沒有收銀員的超市外，還是有人類的存在。他們幫助顧客找到結帳櫃檯、注意麻煩的顧客、檢查是否有詐騙情事、確認購買酒精商品的顧客已年滿 18 歲。在熟食區，工作人員的知識及親切態度則有助吸引顧客購買更高單價商品。

至於在醫療診斷方面，艾瑞克・托波爾（Eric Topol）醫師在其著作《AI 醫療 DEEP MEDICINE》（Deep Medicine）中寫到 AI 在某些醫療專門領域中表現優於人類，像是放射學，在此領域中人為錯誤是個問題。[4] AI 在某些照護工作上表現甚至更好，像是遠端監測居家病患狀況。但 AI 無法提供「詳盡仔細的觀察」，尤其是複雜心理的支持，不僅在照護工作上如此，在所有醫療領域皆然。托波爾認為，人類與機器共同合作最理想。

機器無法做出判斷的主要原因，是因為人類與機器在判斷上存在著基本上的差異。

1. 機器：
   - 沒有意識或意圖。
   - 無法抽象思考。
   - 不擅長透過情境發現相關性（在某個情況或文化中合適的表達內容，在另一個狀況或文化中卻變得相當失禮），而且機器不會「表達」意義（像是比喻、諷刺或幽默）。
   - 無法透過倫理或性靈展現信念或良知，或透過渴望或企圖心展現自信。
   - 沒有情緒或同理心，無法建立關係或可以感受的社會連結。
   - 無法預測即興、風格習性、情境轉移或易錯性。
   - 對於不完整的狀況無法補救，包括將相關性與因果關係混淆。
   - 能經程式設定進行創造（作曲或作畫等），但無法產生獨一無二的創造性。

09 執行　153

2. 必須有人類介入,不管是設定目標或在沒有目標的狀況下設定程式任務。更根本的是人類必須設定程式,並決定何時需要更新。那些看似包含判斷的 AI 過程則無法做到。
3. 如果我們將判斷的定義納入個人特質,則機器無法做出判斷,因為機器沒有個人特質。判斷力和形成意見有關,機器只能模仿的人類行為。

所以機器透過 AI 做的任何事都沒有運用判斷力,機器不是機械化的人類。就算是很有爭議的「通用人工智慧」(general artificial intelligence),也就是機器能做到的和人類一樣好,就算是這個領域也無法彌補落差。

以上原因不代表人類在所有情況中都勝過機器。相反的,將機器用在判斷框架中的個別六個要素時,很可能各有優缺點。機器相較之下展現的優勢,有時是來自人類的弱點。AI 提供速度與一致性,中立及專注,不會覺得無聊、生病、喜怒無常,不會被貪婪與恐懼影響,也不會因為演算法彼此間產生令人分心的感情關係而受到影響。

AI 不是機器贏則人類輸的零和遊戲。根據《AI 醫療 DEEP MEDICINE》指出,如之前已提到的,機器與人類的力量結合後能提供好的醫療照護。那些無法體認到 AI 的能耐與極限者,會被那些了解的人所淘汰。AI 不僅不會降低判斷的角色,還能讓人類的判斷變得更清楚。將複雜的判斷用在針對沒有前例參考情況的決定與觀點、極度複雜事件、新變項、抽象思考、不尋常的權衡取捨、數據不足狀況、複雜的質性因素、多面向風險、特殊的關係、個性上細微不同處等。換句話說,這也就是大部分資深主管獲得優渥薪酬在做的事情。

第三部

影響判斷的因子

10

風險

不冒險就不能有所得。（Qui ne risque rien n'a rien.）
——法國諺語，類比中國諺語「不入虎穴，焉得虎子。」

前面已提到風險是判斷過程中很重要的一環，值得再花一點時間深入了解，首先從風險是什麼開始。在日常對話中，風險通常被用在形容事情出錯——根據牛津英語字典，指的是「某件不愉快或不希望發生事情發生的可能性」。一如判斷的許多面向，我們通常都要到事情出了錯，才第一次注意到風險的存在。

舉莫蘭迪橋為例。莫蘭迪橋的名字取自其設計師里卡多・莫蘭迪（Riccardo Morandi），橫跨穿越熱那亞的河流，是連接北義與南法濱海公路的重要樞紐。莫蘭迪橋建於 1960 年代，在多重風險因子累加下於 2018 年部分倒塌，造成 43 人喪命。

造成橋樑倒塌有些是最初設計導致的脆弱因素，包括混凝土包覆鋼材的設計，以及單點失誤造成災難性坍塌的危險。更多風險因素則來自維護經費被削減。然而，有更多風險是因為稽查單位未能及時調查問題所導致。在發現橋樑結構問題後，貨運公司仍對當局施壓，要求開放使用橋樑，進一步導致

風險升高。最末,則是在結構性問題發現後,未能修正導致的風險。

相關人士都沒有人意識到他們各自行為(或沒能採取行動)造成的累積效應。我們現在知道了所有的風險,因為災難發生後才進行徹底調查。但在絕大多數的例子中,風險並非新鮮事。橋樑不動如山,我們也安全抵達目的地。

在個人生活中,我們習慣每天平衡各種風險。我要抓多少時間抵達會議現場?太晚出發可能會錯過會議的一開始,讓自己看起來很蠢。太早出發,到了現場可能沒事做。評估風險也適用於風險更為明顯的領域,像投資。你準備好冒多大風險?如果你將所有儲蓄都投入加密貨幣,那答案是「非常大」。如果你將錢全都投入短天期公債,則答案是「不太大」,除非你所住在國家常常出現政府公債違約的狀況。

某些例子中則更難進行風險評估。

> 我認識的一位眼科醫師告訴我,當他依其職責向病患解釋手術流程的風險時病患的反應。半數病患在踏進診間前,已基於自身對風險的態度做好決定,而不管不同結果發生的可能性。另外一半的病患則會仔細聽醫生的解釋,但不是根據醫師告知的可能性,而是根據自己判斷眼前醫生的品格與個性而做出決定。[1]

對於像我們這些不是醫生的人,這聽起來很熟悉。這說明我們可能覺得要根據證據系統性地評估風險太過困難。或我們純粹希望醫生對於風險的態度和我們一樣。

10 風險

職場風險

　　一個組織會有自己的風險胃納或風險容忍度，管理良好的組織則會知道自己的風險胃納或風險容忍度為何。分析的其中一環是了解已找出的風險發生的可能性（又稱之為「風險實現」），及其對組織的影響。這些風險可能會被列進風險控管表，並著重在發生可能性高且影響大的風險上。

　　也可清楚說明風險，以便透過不同方式找出這些風險。非常有可能發生且影響很大的風險需要規劃特殊的應變計畫。不管風險為何，降低風險的措施將能減少潛在的影響。

　　風險評估不僅適用於眾所矚目的判斷，像是龐大預算投資的決定，或緊急狀況（「我們是否要向媒體坦承生產出現問題，而不是等事件爆開？」），也適用於許多日常情況，像是談判中何時提出棘手主題、要派誰加入專案小組、如何回應投訴。

　　很多時候，要專注在管理風險而非避開風險並不容易。本書一位受訪者表示：「過度沉迷於風險控管表很危險，列出一長串風險清單的做法是不對的，我們需要聚焦在潛在的大問題，同時也要考慮風險帶來的機會。」我詢問一位知名執行長在挑選員工時是否會將判斷力納入考量，他表示那是厭惡風險的官僚會擔心的事，但他不會。我之所以提到此事，是因為他顯然假設判斷力指的是要冒少一點風險。在解釋過判斷力指的是風險意識與風險管理，而非風險迴避後，他修正了看法，但我覺得很多人對判斷力的看法都和他最初觀點一樣。

　　沒錯，一個組織有可能冒太少風險，像是規模大的商業及非營利組織可能就更重視避開風險，因為過往經驗顯示那些打

保守牌的人更容易獲得獎勵。這類組織刻意縮減可能選項,也不鼓勵大家做判斷。國營獨占企業往往會出現這類企業文化。避開風險也不是大組織才會有的狀況。許多新創公司之所以做不起來,是因為創辦人不想要拿最初的資金來冒險。

一間行之有年的企業可能會因為不願冒太多險投入推出新產品,因此未能把握機會而失去市佔,或甚至失去市場主導地位,將優勢拱手讓給更大膽的競爭對手。一個著名的例子是加拿大的黑莓公司(BlackBerry,之前稱作 Research in Motion)。這間公司原本在行動手機市場佔領先地位,卻因未能回應 iPhone 的崛起而摔落神壇。

而在風險光譜另一端,對風險接納度更大的環境或許會鼓勵員工「衝一發」,這樣的態度可能非常適合當下情況。「不入虎穴,焉得虎子」可能代表對新的社群媒體行銷活動進行豪賭,希望能觸及新的族群,或投資不確定性相當高的新創公司,但如果成功,將有機會翻轉產業。

不管組織的風險胃納或風險容忍度有多少,將會由資深管理階層將其轉化為判斷的指引,透過信號及獎賞來鞏固這樣的態度。好的風險管理包括能清楚說明能接受的風險程度,而且和判斷力一樣,透過提高意識、增加經驗與訓練也能改善風險管理。

風險與判斷的關聯

我們所有的判斷幾乎都會用到風險評估。應該冒險現在推出新產品,還是等市場狀況轉好再推出?我們應該冒險採用有最新科技但更昂貴的 IT 專案,或風險較低但只比現有系統再

多幾個功能的版本？是否應該冒險貸款給看似陷入麻煩的老客戶？應該選「保險可靠」的應徵者，或另一位富有想像力及特色但沒有過往紀錄的應徵者？我們是否該冒險選擇能大幅改變執行成果的專案，儘管這個專案需要我們目前沒有且短缺的技能？

根據風險分析結果所決定採取的行動，須將可能性與影響納入考量。根據統計機率，世界上很多地方都非常不可能出現颶風，所以不需要颶風保險；但在加勒比海及美國東部沿岸則非常重要，這些地區每年都會出現颶風。工作上大部分的判斷不需要正式分析，因為日常事務的風險程度已知且能被接受。

要取得正確的風險平衡本身就需要判斷。在銀行的例子中，2007/2008年的金融危機過後，對銀行的假設是它們在借貸時過度冒險，已經到不負責任的程度。但在20世紀的英國，有許多年銀行都被批評過度保守，尤其是不願借貸給中小型企業。

理論上，風險管理應該在獲利與避免損失間取得平衡。但實際上卻未必如此。展望理論（Prospect theory）認為個人往往較擔心避開損失而非獲益。[2]

風險與判斷框架

判斷過程中每項元素都涉及風險（圖8）。就知識與經驗來說，像是來自個人或資料來源的資訊品質，或甚至是資訊不足。一如Theranos的例子所示（請見95頁），永遠會有組織內部資訊不足或資訊誤導的風險。那些對此感到訝異的人，應該想想看他們是否曾為了催促案子進行或與同事討論時選擇性隱

圖 8　風險與判斷框架

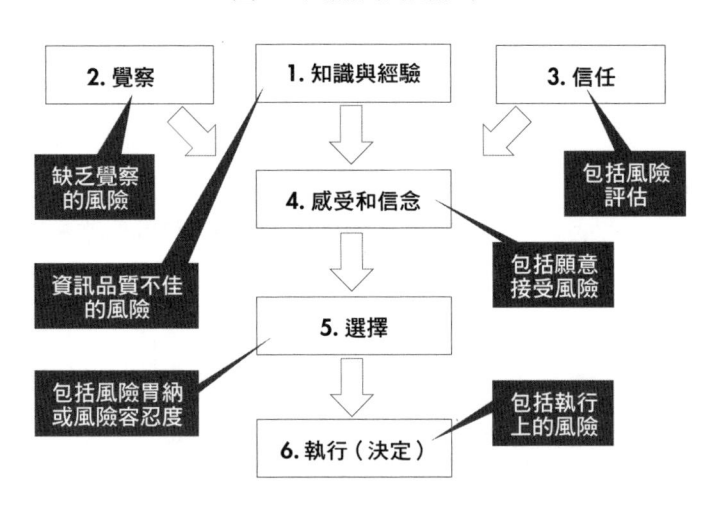

```
  2.覺察           1.知識與經驗          3.信任
     ↘                ↓                ↙
  缺乏覺察                           包括風險
   的風險          4.感受和信念          評估
                      ↓
  資訊品質不佳                      包括願意
     的風險                         接受風險
                   5.選擇
                      ↓
  包括風險胃納                      包括執行
  或風險容忍度                       上的風險
                 6.執行（決定）
```

匿資訊。無論原因為何，對判斷的品質都會形成風險。

　　在金融服務領域，風險意識一直是個問題。一直有指控認為相較之下所知較少的顧客被推銷買下金融產品，但卻不了解其中涉及的風險。結果在未能充分理解下做出判斷，不知道儲蓄到底被用在哪裡，面臨金錢上損失。對於販售這類產品業者的要求已逐步變得嚴謹，也採取相關保護措施。

　　但相較於判斷過程後續階段出現的風險，以上風險顯然不足為道。設定風險胃納或風險容忍度是選擇時的重要基礎，而組織內部人員越清楚這些風險胃納或風險容忍度為何，越能在充分理解下做出判斷。沒錯，如果你在組織內工作，被要求執行一件風險胃納或風險容忍度並不清楚的任務，執行前最好先問清楚。若事情發展順利，大家都不會在意。但如果出了錯，你很有可能會變成代罪羔羊。

　　對企業家來說，風險胃納很可能是驅動他們追求成功背後

10　風險　　161

熱情的重要元素。當為了達成目標,熱情變成對風險視而不見,任何指出有風險的人都被譴責是不願相信願景或唱反調的人,這時問題就來了。

對於行之有年的企業,高風險容忍度可能來自成功導致的過度自信(「別蠢了,這不會發生在我們身上」)。要確保有人認同目標的同時,也對執行上的風險保持實際的態度,便能減少過度自信的風險。

在做選擇的判斷階段應納入評估環節,必要時加上降低風險的步驟。降低風險的措施合適與否,要視考量選項的風險狀況而定。舉例如下:

◆ 在壓力或情緒極端的狀況下,或許可以暫停一下或採用外界評估。
◆ 對大案子來說,為避免出現樂觀偏誤的狀況,可能要透過規劃成本應急措施或緩衝時間,藉此為不確定性或過度樂觀規劃應急措施及退路備案。
◆ 假設看來有問題,便應要求提供更多細節資訊。例如,詢問信賴水準,並詢問是如何決定的。
◆ 可行性有問題時,應該在一定時間內進行試辦計畫或試驗,或選擇可逆轉取消的做法。
◆ 當懷疑出現操弄數據或顯然說謊的狀況,可採用合適方法進一步檢視,不管是透過個人持懷疑態度或 AI 程式等。

以上狀況中,找沒有直接相關的人檢視降低風險的措施、提出探詢問題,都能進一步降低風險,但同時也要考量到這些步驟都可能導致進度變慢。

在判斷過程的最後，風險分析包括選出的執行方式實際是否可行？詹姆士・戴森爵士（Sir James Dyson）堅持不懈地發展家電，過程中冒了很大的風險。但多年過後，他在投入了五億英鎊發展電動車後決定抽手，因為他認為繼續下去的風險太高，他需要錢發展其他產品。

一個需要採取行動的決定通常一定要評估執行上的風險，需要兩個不相上下的選擇，才能評估決定該選擇哪個選項。IT專案的例子最明顯，往往會在理論上理想的選擇和實際上可行的選擇間做出錯誤的搭配。此時，降低風險的做法是檢視過去類似行動結果的紀錄。如果質疑關鍵人員的能力，則應該和其他人確認這些人過去在執行上的表現紀錄。

好的風險評估不會排除最終失敗的可能性。正確評估風險後卻發現結果不如所願，這種情況是有可能發生的。舉例來說，證據顯示兩個合併收購案就有一個失敗，三個IT專案中就有一個失敗，四個人才選任決定中會有一個失敗，一百個壞帳中有一個收不回來。根據機會大小決定是否繼續進行的判斷可以受到批評，但不應該因為預期中可能出現的單一失敗而批評，像是一次資深人員的聘用選擇、一次壞帳。

舉我自己的職涯為例，我曾擔任位於加州一間開發新電池科技公司的董事長。這間公司過往充滿不切實際的預測，且過度冒險。雖然我整體而言相當謹慎，我和所有參與的人都知道這是一個風險很高的事業。我之所以參與其中，是因為這間公司的產品潛力很大。這間公司的股票上市後接下來一整年的時間都看似極為成功。過了一年後，公司陷入麻煩。第三年，公司股票被迫下市。我當時後悔嗎？完全不會。這真的是個有趣的經驗，這一趟有如坐雲霄飛車的旅程也學到不少。

10 風險

所以，大部分的時候做對判斷很重要嗎？當然，如果可以的話，但做錯判斷的結果與涉及的風險本質有關。如果你做很多判斷，你覺得有些做錯了，有些做對了，一個額外的風險就是其中一個判斷如此之差或如此之好，最後根本沒有平衡可言。在某些情況中，計算相較之下很容易。如同一篇新聞報導所述：亞馬遜因為對新產品與服務進行試驗，將要承受「數十億元的失敗」……但「一次成功的賭注將能彌補許多其他失敗的成本」。[3] 亞馬遜之所以能做到，靠的是其雲端運算服務（Amazon Web Services）創造鉅額收益做為緩衝。對我們其他人來說，如果我們其中一個判斷會將錢燒光，其他 99% 的判斷都是對的也沒有用。

這樣的思維不僅適用於個人。在英國，地方的瑟洛克議會（Thurrock Council）因投資失敗損失了數億元，其中包括為因應中央政府經費縮減而針對太陽能發電場投入的鉅額賭注。瑟洛克議會在做這件事時，並沒有被蒙蔽雙眼。由議會委託製作的顧問報告引用了政府財政管理顧問的一封信，文中寫道「我們認為議會的高風險胃納及採用的策略是極端的做法」，並「將議會從謹慎的風險管理界線內移除」[4] 在 Kids Company 的案例中，這間慈善組織成立的目的是要幫助市中心貧民區的貧困、脆弱兒童與青年，而慈善團體監管組織的官方報告清楚提到這個機構經費用盡的原因。報告指出，這個機構以高風險企業模型的方式運作，機構理事在沒有經費支付增加的成本或募款經費下滑狀況下仍允許增加支出。報告表示此機構早該盡快採取行動，改善機構的財務穩定性。[5]

關於風險與判斷還有最後一個想法。人們為什麼要冒險拋棄多年來打造的一切？有可能他們天生就是愛冒險的人。有可

能是因為他們忽視他人警告，或他們容易受到團體思維影響，因為受到身旁所有人不斷慫恿。我們很少聽到那些沒有被公開的錯誤判斷（或許絕大部分都是），所以那些被抓到的人可能是運氣不好或很蠢。但你不會想要拋棄所有努力的成果，因為不好的事情而上新聞。仰賴運氣是一項高風險策略。

11

速度

隨著預測做得越來越好、越快、越便宜，我們會更常使用預測來做更多決定，所以需要更多人類判斷，而人類判斷的價值也會提升。

——多倫多大學創業講座教授，阿杰‧艾格拉瓦教授
（Professor Ajay Agrawal）

在某些例子中，沒有辦法延後做決定。英國三叉戟核潛艇的指揮官告訴我，在偵查時警告燈開始閃爍，顯示水淹進沉浮箱，潛艇出現危險。他只有一秒左右能決定是否要將沉浮箱充滿空氣。如果這樣做，潛艇會浮到水面上，立刻被俄國偵測到。若不這樣做，將危及整艘潛艇和他的軍隊。

他考量潛艇才從水平狀態往上傾、警報過去狀況、壓力沒有改變、大量進水時正常來說會出現的噪音等。他在那一秒之間決定不要讓潛艇浮到水面。這是正確的判斷。

但快速做判斷也可能會出錯。舉麥爾坎‧葛拉威爾（Malcolm Gladwell）在其著作《決斷 2 秒間》（Blink）中使用阿馬杜‧迪亞洛（Amadou Diallo）的故事為例，「這是讀心術有用的強大例子，以及有時如何錯得離譜。」[1] 迪亞洛在紐約的

南布朗克斯被警察槍殺致死。他們根據迪亞洛表面上看來可疑的行為，做出一連串立即且錯誤的假設。葛拉威爾將其錯誤歸因於沒有經驗。[2] 他認為相較之下，有經驗的警察「訓練有素且專業」，可以考量情況中所有要素，辨別當下情況是否構成威脅。

錯誤的迅速行動當然可以彌補，但並非總是能在造成傷害之前做到。聯合航空（United Airlines）一架從芝加哥飛到路易維爾的班機機位超賣，沒有人想要等下一班飛機。最後，一位亞裔醫師被拖下班機，過程中因此受傷。資深執行長奧斯卡・穆諾茲（Oscar Munoz，前一週才獲《公關周刊》提名為「年度溝通專家」）寫了一封電子郵件稱讚員工遵循「因應這類情況既定的流程。我對發生此情況深感遺憾，但我堅定支持你們所有人，並讚揚各位盡力之餘更追求卓越，確保航班好好飛行。」該事件及其回應引發各界強烈抗議。這起事件的影片三天內在中國被分享了一億次。第二封電子郵件的道歉口氣則截然不同，而他後來等待多年後才在公司內獲得晉升。

所以該如何看待做判斷時速度扮演的角色？我們日常生活中絕大多數的判斷都是快速做出的，因為這些特定情況我們已經處理過許多次。除非是特殊情況，否則我們會依照平常的選擇 —— 像是，要致電或透過電子郵件回覆客訴，是否現在向同事諮詢或等到蒐集完所有資訊。

在許多情況中，當拖延會造成嚴重後果時，速度對良好判斷便可能至關重要。當有人在路上被撞倒，你等也不等就會立刻打給緊急服務，就像如果有人突然要惡意收購你的公司，你也不會拖延，會立刻規劃反制對策。在日常生活中，若不能直接處理霸凌事件，可能會傷害士氣及組織聲譽。忽視客訴可能

會丟了生意。在這些例子中，速度都是成敗關鍵。一如美國奇異公司的執行長傑夫·伊梅特所說：在（2007-2008年）金融危機時，拖延的人被催促……那些用不完整的資訊做出決定的人又多活一天，繼續戰鬥。」[3]在新冠疫情爆發初期，大部分的組織必須快速反應，建置遠端工作模式，在銷售表現劇烈下滑的同時維持現金流。

就算不是緊急狀況，對於常常發生的事情或熟悉的人事物，快速回應也是很正常直接的反應。我們知道情境，參考過往經驗，並能提前預判可能會遇到的問題。

有些人知道他們要找的是什麼，找到後就快速做決定。我曾聽阿里巴巴最初代員工之一的關明生說過，他出席面談不到五秒鐘，馬雲就決定聘用他。為什麼？馬雲後來告訴他，關明生當時準時抵達，把外套摺好放在窗台上。馬雲後來告訴關明生，他認為從這些跡象顯示關明生能為創立公司、年輕又富有想像力但沒有經驗與紀律的年輕人帶來好的平衡。不過，這也並非全然都是衝動所致，馬雲也知道關明生比團隊裡的人都更有經驗，包括關明生在奇異公司的相關背景與經驗。

有些人因為個性或因為喜歡衝動行事，而偏好快速做出判斷。就像是一生多采多姿（而後跌落神壇）的澳洲商人亞倫·龐德（Alan Bond），他的同事不讓他自己獨自旅行，避免他在途中收購其他公司。一位商品交易員就向我坦承，他沒有耐心花時間思考，比較喜歡快速做出判斷，他承認相較於放慢腳步做判斷，這樣的做法風險更高。「我沒有任何耐性，但只要我51%都是對的，我就是頂尖的。」我在撰寫這本書的同時他仍是頂尖的交易員，但風險極高，他自己也知道。值得一提的是他是獨立交易員，他49%錯誤的樂觀預測不用受到同事查核，

也不會影響到其他同事。

也有可能是另一種更隱微的壓力，逼得人必須快速做出定論。在某些公司，如果有人判斷速度慢一點，可能會被認為是猶豫不決。一位卓越的美國外交官告訴我說，不採取行動特別困難，因為「不採取行動看起來不像美國人」。壓力可能來自於你自己。克里斯・查布利斯（Christopher Chabris）與丹尼爾・西蒙斯（Daniel Simons）提到商業雜誌傾向追捧速度，而不管後果如何，他們引用雜誌訪談波西・巴內維克（Percy Barnevik）在擔任瑞典－瑞士公司 ABB 執行長時一段「做作」的描述：「見到他……立刻讓人感受到其敏銳獨特的管理風格，而快速自信的決策能力至關重要。」[4] 對速度的著迷就和一切都要緩慢進行的官僚做法一樣危險。

快速判斷與緩慢判斷的證據混雜不一。對於非常視情境而定的事情，這一點也不令人意外。事情的緊急程度每天都不一樣。對某些選擇來說，速度可能很重要，但面對其他選擇時求快可能會變成災難。多花點時間思考不一定會比較好。研究顯示，那些決策快的人參考了更多資訊、試想了更多不同方案，得到的結果也優於那些決策慢的人，另有研究顯示人們對於複雜選擇下，更快速做出的決定結果更滿意。[5] 但這些明顯與直覺相反的結果也受到挑戰，包括這些都是個人消費者的選擇，消費者通常會合理化自己做的選擇，不會與反事實的結果做比較，也就是不會和當初沒有做出購物行為的狀況做比較。

風險是速度很重要的一項要素。在某些例子中，我們可能沒有選擇，因為延遲不是理想的選擇，或甚至沒有耽擱的餘地。在其他狀況中，延後則會增加風險，像是對於是否要發布新聞稿猶豫太久，最後發現消息已經走漏給媒體。告訴對方

11 速度 169

「我週二再回覆你」可能會喪失掉一個機會,因為到時可能會發現工作已經被別人拿走。有時候,再多花點時間可能是正確的選擇,因為準備得更好能降低風險。

為什麼要暫停一下?

就速度來說,神經科學告訴我們大腦花不到一秒鐘的時間,傳輸的時間也差不多。我們從經驗知道,很多情況花多一點時間決定比較睿智。也就是說,我們可能會希望花時間考慮判斷過程中的元素。丹尼爾·康納曼教授在《快思慢想》(Thinking Fast and Slow)一書中讚揚決策過程中緩慢邏輯思考的方式,而不是快速直覺的反應,快速反應雖然能用最小力氣解決許多問題,但往往會出錯。

暫停一下或許能幫助我們比較不會被憤怒或恐懼沖昏頭,讓自己強烈的情緒影響到判斷的品質。一旦熱頭過了,便比較容易冷靜下來,和立即情緒性的反應保持距離。更可能會確認自己對情況的理解,包括自己是不是被逼著做出判斷。中央情報局訓練教練理查·休爾建議:「刻意等一下再做結論。不要躁進,等自己有時間對事實及情況進行消化理解。」[6] 更一般來說,暫停一下讓你能確認反應的壓力是真實的,而不是逼你採取行動的伎倆。

在許多狀況中,花時間做判斷能幫助你吸收所有必要資訊,有更多機會能做出正確判斷。對一封挑釁的電子郵件感到憤怒時,數到十或甚至一千,這樣做能幫助你在回覆時不帶情緒(「你的想法太誇張了!!!!!」)。「再想想看」或「三思而後行」的建議可能聽起來已經耳熟能詳到變成陳腔濫調,

但這些話也很睿智：暫停一下能讓你思考判斷中的許多要素。

假設不需要求快，就能搜集更多相關事實或看法。或許能發現新的選項，能找到執行可行性的新考量，可以更仔細評估風險，暫停一下或許也更能冷靜下來。在你停下來思考的同時，你的潛意識甚至可能也繼續在處理問題。

舉例說明暫停一下的好處，在紐約一個陰冷的十一月某天，編號 Lot 9B 的作品出現在佳士得拍賣行。這幅畫是李奧納多・達文西的《救世主》（Salvator Mundi）（有些人則認為不一定是李奧納多真跡）。佳士得的全球總裁彭肯南（Jussi Pylkkanen）以 9,000 萬美元開始起標。他告訴我說：「所有人可以想像得到的最高價格是 2 億美元，已經超越先前紀錄。我喊到這個價格時，現場的人都開始鼓掌。」他接著非常不尋常地暫停了一分鐘，因為他覺得對於這史無前例的狀況，買家需要時間評估。重新開始競標不久後，叫價就達到 4.5 億美元。相較之下，伊隆・馬斯克（Elon Musk）收購推特時沒有花時間針對公司進行盡職調查，他在出價後，一切都太晚了才得到需要的重要資訊，他嘗試脫手，最終必須以原價 440 億美元買下推特。

和同事溝通困難時，可能需要的就是暫停一下。道格拉斯・史東（Douglas Stone）與其他共同作者在關於對話的著作中建議暫停一下，不要讓自己陷入麻煩：

> 要求需要一些時間思考你聽到的內容……就算十分鐘也會有幫助。去散個步。呼吸新鮮空氣。確認內容是否被扭曲。花點時間靜一靜，思考他們對你判斷的攻擊，或對你關於自身資訊展現的傲慢態度。確認

是否有否認的狀況⋯⋯ 確認是否有誇大的情況⋯⋯ 有些人覺得要求暫停一下很丟臉。但暫停對話，讓自己恢復平衡，這樣做最終可能幫助你不致陷入比丟臉更糟的情況。[7]

以上暫停的原因都不適用於延遲會導致情況變得更糟的緊急狀況。「暫停」不代表為了慢而慢，或更糟的，變成分析癱瘓的藉口，在這種情況中，因為有太多因素要考慮，沒有足夠的時間思考，導致太晚才做出重要的決定。在思考選項、執行的可行性時都必須考量到時機。在這些情況中，不能拿判斷當藉口，造成一切緩慢進行。曾經為前英國首相約翰・梅傑（Sir John Major）工作的一位官員告訴我，梅傑擅長聆聽，而且一定要有充足的時間。只要不需要快速行動，這都不成問題。

亞馬遜對於暫停一下有個有趣看法。亞馬遜將選擇分成兩種類別──如果有兩道門（可逆情況）就立即行動，但如果只有一道門（不可逆情況）則慢慢來。我對此持保留態度。這樣的做法將風險與時間兩者間複雜的連結變成簡單的兩者擇一選擇，但事實並非如此。例如，對於可以逆轉的事情快速做出選擇，感覺很奇怪。如果明明再多想一下或再多討論一下就知道是個壞點子，為什麼還要大費周章去扭轉原來的決定？同樣地，對於無法逆轉的事情（屬於此分類的不太多），並非總是都有時間去斟酌，例如急著去買其他人也想買的房地產。如果目的是要大家不要閒混浪費時間，只要企業文化不會懲罰犯錯的人就沒有問題。那些在組織中做選擇的人，如果沒有亞馬遜的企業文化、沒有經費或來自上層的風險胃納，以及那些在非營利組織的人，大家都必須了解這樣的做法極具風險。

不作為

不作為可能看起來像是最終極的暫停一下,但不做什麼本身可能就是一種行動。想想看當你忘記取消某個訂閱,又多花一年的錢訂閱你不想要的東西。但其他時候,這可能才是正確的事(還記得律師麥可‧薛瑞德的建議:「有疑慮時,什麼都不要做」)。歷史學教授瑪格麗特‧麥克米倫(Margaret MacMillan)認為知道哪些仗該打、哪些不該的能力就是一種軍事上的判斷力。[8]

舉個不採取行動也很好的例子,像是標到案子後發現一堆麻煩:這是「贏家的詛咒」。買下薩爾曼‧魯西迪(Salman Rushdie)《撒旦詩篇》(Satanic Verses)版權的出版社,接下來幾年員工都持續收到死亡威脅。有間出版社當時因為認為太過危險而未競標,之後多年都因為當時沒有做什麼的判斷而覺得感恩。

有幾間大型國際公司因為與古普塔(Gupta)家族控制公司來往而商譽嚴重受損,當初如果什麼都沒做應該更為明智。全球頂尖公關公司貝爾-波廷格公司(Bell Pottinger)因接下與南非總統朱瑪(Jacob Zuma)關係密切的這個家族做為客戶,最後陷入破產。這間公司被控創立假社群媒體帳號,擴大對古普塔家族和朱瑪對手的攻擊,並激起種族衝突。公司創辦人貝爾勳爵後來說道:「我一開始就告訴他們不要接這個客戶。他們不聽。」[9]

在其他狀況中,不作為可能是很差的判斷。許多組織都因為不採取行動把握機會而被淘汰,未能與時俱進,一副好像周遭環境都沒有改變,所以他們也不必變。曾居全球領導地位的

11 速度 173

柯達（Kodak）因未能隨著技術變遷而殞落，過程更是戲劇化。從二十世紀絕大多數時間，一路到 1990 年代，柯達一直是全球攝影相關產品霸主（1996 年營業額達 150 億元），柯達沒有體認到也未能把握數位挑戰帶來的機會，最後在 2012 年破產。

拖延

我們大部分人有時都會拖延一下：如果可以延後這個困難的決定，為什麼現在就要做出判斷？但有許多證據顯示飛機失火時，有乘客因為試著想帶走手提行李而喪命。如果我們有時間也必須這樣做，刻意延遲並沒有問題。如果拖延會牽涉到成本，或一拖就錯過決定，那拖延就成了問題：也就是說，不做決定仍然是一種決定：「我應該報名那堂課嗎？」太晚了，截止期限已經過了；「我應該說點什麼嗎？」太遲了，會議已經結束了。在你想拖延時，應該自問的問題不是「我應該拖延嗎？」而是「拖延的風險是什麼？」在某些狀況中，很容易得出答案，因為風險很小，或甚至沒有風險。在其他情況中，當情況無情地持續發展，拖延實際上會持續增加你的風險——甚至有可能致命，假如你人身處於一架失火的飛機上。

新冠疫情展現出在特定事情上快速行動的好處，像是採取防疫措施。這也顯示某些狀況下，等待更多資訊是正確的，像是在疫情初期階段，組織不應過早開始進行詳細的情境規劃，因為未知數還太多。服裝零售品牌 Next 就對此不確定性做出回應。Next 在疫情爆發初期提供股東三種可能預測。以季度預測隔年表現，顯示銷售額下滑 25%、35%、45%，公司則解釋自己使用了中間的預測。到了第三季，銷售額下滑 17%，公司

於是更新該年度接下來的預測為下滑 8%（中間）、20%（最差狀況）和持平（樂觀預測）。市場都非常感謝這樣的做法，因為 Next 公開承認不確定性並與投資人分享。

在關於拖延這塊，我們需要檢視本書前面提到過的一個主題：「我沒有足夠的資訊。」如我們所見，我們幾乎永遠都不會有想要的足夠資訊，必須在用不完整資訊做選擇和取得更多資訊以改善選擇這兩者間取得平衡。急著得到資訊或根本不去找到所需資訊，這兩者都是很差的判斷方式，一如分析癱瘓及拖延。

拖延的一個常見原因是選擇太多。西蒙娜・波提教授告訴我說：「大家說想要多元性、對自己的選擇有掌控感。但我們現在的選擇過多，令人混淆，更難做出選擇。」她認為面對選擇過多的狀況，我們可能會隨機選擇，或因此癱瘓。她繼續說道：「我建議你擇善固執，把時間花在值得的選擇上。」研究組織行為的教授蓋比・亞當斯（Gaby Adams）則建議：「大家通常會考慮有限的幾個可能想法，才能因應……搜尋所有可能想法要承受的負擔，但這也可能導致他們接受……選項，沒有想到……更好的其他方案。」[10]

也別忘記，在形成意見時，速度也很重要。如果你覺得速度不重要，想想你上一次面試時急著要快點留下好的印象。或有提案被提出時，還記得你當下立即的反應是想否決掉一個不利的證據。判斷形成意見的合適速度，就像做決定時的速度一樣重要。

在壓力下做判斷

有些工作的壓力很大，這並非總是壞事：很多人需要一些

壓力刺激，也有人在壓力下表現得更好。一位記者告訴我，雖然他總是抱怨截稿期限，但他發現沒有截稿期限創造出的紀律，他很難好好寫作。就算是那些不用常常面對這類壓力的人，也能享受接下挑戰的樂趣。

但對大部分人來說，壓力不是好事，不管原因為何都可能威脅到判斷。那些從來沒有承受過這類壓力的人，要不是很幸運（目前為止而已，不要高興得太早）或沒有注意到周遭發生的事（「危機？什麼危機？在哪裡？」）。

舉一個極端的例子：BP 石油公司在墨西哥灣的鑽油平台爆炸事件，後來被翻拍成電影《怒火地平線》（Deepwater Horizon）。在試圖關閉不穩定的鑽探過程中，造成了 11 人死亡、墨西哥灣受到大規模嚴重汙染，BP 公司因此損失 600 億元美元，商譽嚴重受損。電影描繪了在做出是否關閉油井的災難性判斷時所形成的壓力。造成壓力的原因包括：

> 時間（鑽油平台已經落後表定時間）；使用器材年久失修，包括監測工具失靈，導致不確定是否有井噴的危險；對先前測試結果誤讀；個人面臨的壓力——那些做判斷的人因為「不敢」冒險關閉油井而被奚落。當時的人捏造了一個牽強的理論來合理化監測失靈，而再做一次測試以消除不確定性的建議，則遭到拒絕。

更戲劇化的是，這起事件顯示在判斷過程中所有階段處處失敗：油井壓力的證據模糊不清（知識與經驗）；參與人員之間缺乏信賴（信任）；各種指控導致實際看到、聽到什麼都變得很混亂（覺察）；用未經證實的理論合理化模稜兩可的證據

（感受及信念）。結果為了降低風險提出額外檢測的提議被拒絕，最終導致做出有問題的選擇。

希望我們永遠都不需要做出這類攸關生死的判斷。大部分的壓力都出現在例行活動中，來自日常生活。通常出現在脆弱的時刻，像是突如其來的要求或事件、尚未獲得所有重要資訊卻需要快速決定、極高風險狀況、單一無法接受的選擇。壓力可能會因為同事間的衝突加劇。說不定最常見的情況，往往來自預期之外，比如：關鍵同事因為生病突然離職、關鍵客戶因為遭到詐騙而破產、關鍵供應商所在國家爆發內戰等。你可能注意到了，這裡反覆出現的詞是「關鍵」。人生充滿不確定，突發狀況總會發生。但並非所有的不確定，都必然導致壓力。

一如《怒火地平線》所示，判斷過程的所有階段都可能感受到壓力。這可能會讓你誤以為自己擁有比實際更多或更少的相關經驗；它可能會影響你信任誰、相信什麼，包括你選擇諮詢的對象；它可能削弱你接收資訊的能力；它可能主導你的情緒；甚至讓你因恐懼而排除某些選項，像是暫停行動或尋找新的可能性。當你真正要做出選擇時，壓力往往也會影響你對「是否能做」或「是否該做」某件事的認知。

此外，還需要考量到健康狀況不佳與壓力的關係，不管是身體或心理上的問題。身體健康並不一定就會做出好的判斷，但健康狀況不佳很可能會導致差勁的判斷。過去在職場上往往會淡化健康問題的影響，除了因為健康因素辭職的理由，因此相關案例往往缺乏紀錄。在政治領域，則有許多因為健康問題而做出差勁判斷的例子。許多評論家就認為，美國總統甘迺迪當時因為仰賴止痛藥物，導致他因而判斷失誤，策劃了災難性的古巴入侵行動（又稱為豬玀灣事件）。[11]

11 速度

降低壓力的影響

我們每個人的壓力狀況都不一樣,聽起來可能很顯而易見,不過要避免在壓力下做出判斷的最好方式,是一開始就試著避免處於壓力之下。預期壓力出現,指的是辨認出壓力可能從哪裡出現。對組織來說,許多危機的出現都非意料之外——股東間維持已久的爭吵,或和某位員工長久以來的問題,這些都是可以預期的。既然意料之外的事件是造成壓力的主要原因,便應該準備好應急規劃。意思就是積極使用風險控管表,列出主要風險,在問題發生前找出降低風險的做法,內容涵蓋組織所有面向,其中包括可能失去關鍵人員的風險。

舉例來說,我曾擔任保險公司 Beazley plc 的非執行董事,該公司針對所有資深員工繼任規劃了全面的框架做法,我對此感到印象深刻。當公司執行長安德魯・霍頓(Andrew Horton)決定離職時,他的繼任者完美銜接新職務。有風險控管表還不夠,其有效程度要視如何使用而定,包括訂出的降低風險行動、方法是否實際可行。

風險不必然會造成壓力。在你私人生活中,你可能會說:「我想要透過新的經驗來測試自己」或「我喜歡這裡,我想買下來」,並同時接受房子發霉、屋頂漏水或窗戶腐朽的風險及結果。

預期風險也適用於個人。我們需要注意什麼可能會造成我們的壓力。從知道我們總是會在最後一刻抵達趕上班機,到知道會議中誰和什麼會讓我們生氣等等都可能。提前幾分鐘抵達機場有助減少壓力;準備好你想說的回應,而不是說出被挑釁時會回應的話,這些都能幫助你控制住脾氣。如果你認為自己

會被迫面對唯一一個無法接受的選項，在會議開始前和準備資料的人開會或通電話，探索其他可能性非常重要。就更基本的層次來看，預期問題指的是在人才選任、升遷或評估同事時，將判斷力清楚納入標準。

如果沒有辦法預期壓力的出現並採取行動，應該考慮降低壓力最好的做法。一種做法是讓周圍充滿能提供建議、貢獻不同觀點、與你討論的人。或者再給自己多一點時間思考造成壓力的原因。或許是手邊的問題，或其他造成壓力的原因，例如與同事間關係緊繃。

另一種減輕壓力的方式是在做選擇前，用資訊彌補中間的落差。因為擔心當責問題引發的壓力，可以透過記錄做選擇的過程來減緩，就算結果不盡理想，仍可證明已遵循正確的流程。

相同的考量也適用在健康上。避免不健康的生活方式可以降低健康影響判斷的風險。要預期健康可能會造成問題，意味著採取必要的步驟，了解何時不要做重要的判斷（疼痛或睡眠不足時），以及何時該採取行動以減輕壓力（在無能力時由他人接手）。

判斷慢比判斷快更好嗎？

如**圖 9** 所示，在考慮是否要快速進行或放慢腳步時，要問以下兩個問題：

- 「可以等嗎？」及
- 「重要嗎？」

11 速度 179

圖 9　衡量判斷的速度

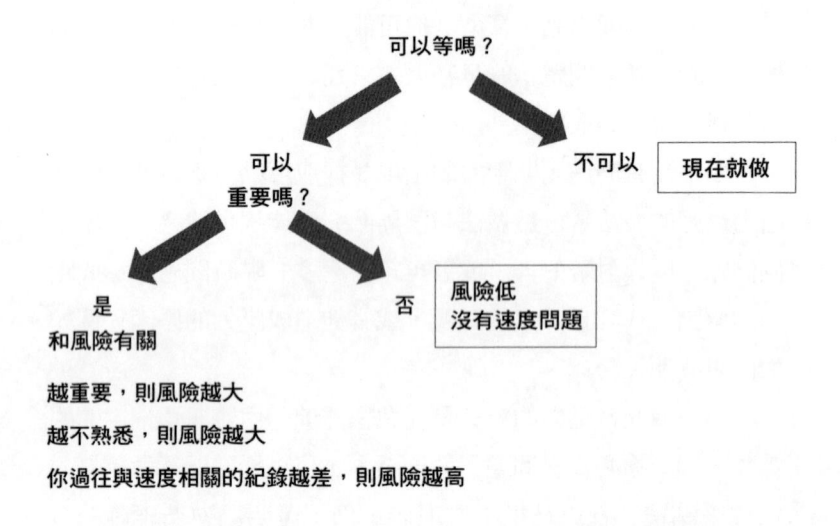

```
                可以等嗎？
              ↙        ↘
           可以          不可以      ┌─────────┐
          重要嗎？                    │ 現在就做 │
         ↙      ↘                   └─────────┘
       是         否         ┌──────────────┐
    和風險有關                │ 風險低        │
                              │ 沒有速度問題 │
                              └──────────────┘
```

越重要，則風險越大
越不熟悉，則風險越大
你過往與速度相關的紀錄越差，則風險越高

　　如果不能等且重要，便沒有選擇要做，例如個人醫療健康上的緊急狀況 —— 現在就做。

　　如果可以等且不重要（得到最新款式的手機，而你現在的手機也還能用），針對該情況以你認為最適合的速度進行。

　　如果可以等且重要，關於速度的選擇上，最重要的是評估及管理風險：

◆ 越重要則速度的風險越高。
◆ 如果不熟悉該情況，則快速進行會有風險 —— 越不熟悉的事情，速度帶來的風險越大。
◆ 你過去快速做判斷的表現越差，則現在倉促進行的風險也越大。

　　多花點時間取得更多資訊，或向更多人諮詢，通常能降低

風險。如我們所見,因拖延而延遲做某件事可能會增加風險,但非必然。但是,一如與判斷相關的所有事,情境最重要,快速對比延遲所引發的風險必須根據特定情境而定。

僅記得,速度在形成意見及做決定時都一樣重要。如果你認為不重要,想想你與某位你想留下深刻印象的人見面時,當時一心想留下好印象。或有提案被提出時,是否還記得你當下想否決不利證據的立即反應。在這種情況下,你也會想考慮一下速度。

12

直覺、憑感覺、本能反應

我並非從星辰採集我的推斷。
—— 莎士比亞，十四行詩第十四首

直覺

　　字典告訴我們，直覺指的是「既非從感知也非自推論，立即獲得的理解、知識或覺察」。[1] 當我們以直覺的方式做判斷時，判斷如何做出「並沒有太多覺察的過程」。[2]

　　對於做判斷及決策時，直覺扮演的角色看法天南地北，從非常推崇到態度輕蔑的都有。在推崇那一端最為人所知的就是《決斷2秒間》及其他暢銷書作者麥爾坎‧葛拉威爾。他認為人類只能透過「根據極少資訊非常快速判斷」存活下來。[3] 社會心理學家愛波‧戴斯特豪斯（Ap Dijksterhuis）也同意這樣的觀點，他的研究顯示在特定情境中，預感比深思熟慮更有效：「遇到很複雜的問題時，一般來說，照著預感走所做的選擇會比冥思苦想更好」。[4]

　　在光譜另一端的人則認為直覺非常危險。包括赫伯特‧西蒙（Herbert Simon），他是二十世紀最具影響力的管理學大師之

一,他形容直覺是「凍結在習慣中的分析」。[5] 在《雜訊》一書中,丹尼爾・康納曼教授、凱斯・桑思汀教授(Cass Sunstein)與奧利維・席波尼教授(Olivier Sibony)也痛斥直覺是「因為感覺正確或貌似可信而對特定行動做出的判斷;沒有明確說明或合理的理由 —— 基本上知道,卻不知其原因。」他們表示:「內在訊號之所以重要,且具有誤導性,是因為這些訊號不是被解讀為感受,而是信念,」而後並表示他們認為大家會這樣做是因為跟著直覺走比較好玩,遵循流程比較不有趣。[6]

在《為什麼你沒看見大猩猩?》(The Invisible Gorilla)一書中,查布利(Chabris)與西蒙斯(Simons)則不認為這是件好玩的事:

> 直覺告訴我們,我們投注了更多的注意力、我們的記憶其實具備更多細節且強健、有自信的人都很有能力、我們比自己實際知道得更多、巧合與關聯就是因果關係、大腦儲存了很容易就能解鎖的龐大力量。但在以上例子中,我們的直覺都錯了,如果盲目遵循,可能會讓我們付出龐大金錢上的代價、健康,或甚至性命。[7]

而在光譜中間,在不同的情況中,則有不同當權機構以不同程度的方式讚揚或斥責直覺。[8]

大家對於不能被分析、不能被放大仔細檢視的事情心存懷疑,這也不意外。系統化地走過流程可能很麻煩,但當賭注很高,那些必須為自己的行為負起責任的人若不系統化行事則風險太大。神經科學家麥特・李柏曼教授(Matt Lieberman)指出,有非常多文獻顯示直覺系統性地忽視重要的資訊來源,而

當我們能更仔細推論時，判斷的結果便會改善。「當一個人仰賴直覺，就不會知道以代數符號衡量的其他方式，或有成本效益分析的存在，」這不只是因為「在每天的經驗中，我們仰賴直覺過程去理解周遭的世界。」[9]

但就算如果我們沒有注意到直覺運作的過程，這難道就代表沒有意識到的時候會比有意識到時更糟？麥爾坎‧葛拉威爾告訴我們要相信直覺，連李柏曼教授都進一步指出：「雖然直覺往往會導致較不理想的決定，直覺還是有可能和深思熟慮後做出的判斷一樣好，甚至更好」。[10]

第四章已經引用了理察‧波斯納的著作《法官如何思考》（How Judges Think），說明經驗的主導地位。他也認為直覺對於實際的判斷很重要——沒有直覺，法官便無法執行其工作。[11]

對於不要完全否決直覺，還有另一個原因。如果這是我們從足夠大量案例中學到的結果，更進一步檢查可能會再加上無關的因素，導致做出更差的判斷。延遲可能沒有好處，雖然我們可能沒有辦法想起自己做的所有推論步驟。

決定是否以直覺進行判斷，關鍵要素是對事情是否有足夠的熟悉度，勝過採用正式的流程（假設我們可以選擇不需要檢驗的流程）。就連葛拉威爾都承認「經驗是在無意識中建立一個數據庫」。[12]

隨著熟悉程度下降，仰賴直覺的風險也隨之增加。高風險的例子包括：在沒有相關經驗下，在不同產業接管一間公司；在不熟悉的國家開始進行貿易，該國的企業文化不一樣，或只能仰賴才剛認識的人。在討論新冠疫情期間的判斷時，我常常被問到直覺在處理預料之外事件的角色。我的回應是，直覺在

熟悉的情況中可能是很棒的指引,但當時情況絕對不是熟悉的狀況。

在無法理解或清楚說明自己如何做出結論的狀況下,要辨認出我們是否擁有在新的國家做貿易的知識或信任才剛認識的人都會是問題。丹尼爾·康納曼教授指出,錯誤或正確的時候,直覺的感覺都一樣。[13] 使用無關經驗或受到自身感受和信念所驅使都很危險,尤其是無意識的偏見。包括決定什麼都不要做及採取行動。除非你在做非法的事情並想要掩蓋,了解並辨認出自己利用知識與經驗做出判斷的方法並沒有壞處,這是更務實的做法。

使用直覺背後的危險之處在於我們對此會抱持著不切實際的樂觀態度。一如政治科學領域教授萊斯里·保羅·提耶里（Leslie Paul Thiele）所說:「尋找原因的過程中,在試著解釋直覺時可能會走偏,偏袒的直覺可能會勝過有意識的推理。但不能只有直覺,尤其直覺不能代表全部或判斷的唯一要素,一個很重要的原因是大家都高估自己的直覺能力。」[14] 一如李柏曼教授所說:「儘管我們對自己的直覺很有信心,我們的直覺往往做出有偏見或不正確的判斷。證據顯示許多不太費力氣的捷思法都造成判斷上的錯誤。」[15]

知道我們如何推論並做出結論能幫助我們避免忽視重要的資訊來源,鼓勵我們審慎做結論。查布利斯與西蒙斯寫道:「直覺有其用途,但我們認為在沒有足夠證據顯示直覺真的更好的狀況下,不應該將直覺提升到比分析更高的地位。重點⋯⋯是知道何時信任你的直覺,何時要小心,並努力把事情好好徹底想清楚。」[16]

憑感覺

一個著名例子是一名位於俄亥俄州代頓的消防員，他描述自己知道必須離開失火建築物的當下。火勢看起來明顯不難處理，

> 但很快地，情況開始讓隊長感到混淆：要撲滅火勢比想像更困難，面對這樣規模的火勢，房子比平常預期的狀況還要熱也更安靜。他立刻命令隊員離開建築物。幾秒鐘之後，地板開始坍塌。原來更大的火勢一直在地下室延燒⋯⋯由於擔任消防員多年，這位代頓隊長累積了足夠的智慧知道如何判斷火勢，因此可以在沒有完全意識到自己做出評估的狀況下，快速評估新的情勢。這是憑感覺做出的決定，但卻是過去投注無數時間滅火所累積出來。[17]

憑感覺常（gut feel）常與直覺（intuition）替換使用，用來形容在沒有經過推論過程下做出的判斷，雖然憑感覺有些微差異，指的是我們可能對某件事已經有了一套看法。字典裡有更細微不同的定義，但實際上這些詞通常都會交替使用。

所以這個感覺在哪裡？雖然很多人被問到的時候，會模糊地指向身體腸道的位置，但牽涉到判斷時，你要指向的是你的腦子。根據字典定義，憑感覺是「對某人或某事的強烈信念，無法被完全解釋，無需受到推論所決定」。[18] 如同赫伯特・西蒙教授所說：「我們憑感覺行事時，使用的是無法說出來的規則及模式⋯⋯我們根據個人感知系統運做為基礎，做出結論，我們知道感知的結果，卻不知道其過程步驟。」[19]

近年來一個憑感覺的例子就是日本企業大亨、軟銀集團孫正義行事的方式。他是一個「非常相信感覺」的人,「喜歡感受像星際大戰般的神祕力量」,不過因為這是一間管理投資人資金的公司,所以應該是一種用來形容直覺的華麗說法,而不是說他用賭博或魯莽行事的方式在經營公司。他以「動物本能直覺」聞名,並因此在 2000 年砸下 2,000 萬美元投資一間新創公司。他因為聞到龐大商機而賺進 1,200 億美元,這間新創公司正是阿里巴巴。[20]

孫正義還參與過許多類似投資,包括雅虎及製作《權力的遊戲:凜冬將至》遊戲開發商遊族網絡。但對他來說,憑感覺並非總是管用。有次他前往紐約的會議遲到了,他原本排了兩個小時要和新的潛在投資對象談談,最後卻只剩下幾分鐘。「我只有 12 分鐘,」他說道。「開始吧。」他很快地看了該公司發展的內容後,接著出發前往下一個會面,該新創公司極具個人魅力的創辦人也一起同行。在車程中,他簡要提出將投資 40 億元。「整個過程,從孫正義聽到的 12 分鐘介紹到簽下史上金額最大的創投投資之一,前後花不到半小時。」[21]

很遺憾,孫正義這次的動物本能直覺並不準確。這項投資案是 WeWork。在兩年內,個人魅力十足的創辦人被趕下台,軟銀集團慘賠 160 億元。孫正義提出一些原因:「我對 WeWork 共有幾點判斷錯誤。」[22] 在後續投資同樣失敗後,他承認道:「當我們賺進龐大收益時,我變得有點得意忘形,現在回頭看當時的自己,我感到丟臉悔恨。」[23]

一個常常提出的議題是我們第一次見到某人時,是否應該憑感覺,例如在面試應徵者或供應商的時候。答案是可以,但有其風險。狀態好的時候,我們可以倚靠多年累積的經驗,像

是那位代頓的消防員。但世界上充滿許多能裝得一副很了不起卻無法落實承諾的人。也有很多具備優秀特質的人,但在「憑感覺」運作的頭幾秒時卻沒有辦法將自己展現得很好。

就算你對自己觀察敏銳的能力很有信心,還是有很多可能出錯的原因,最差的狀況是以為我們可以仰賴感覺行事。如同亞當・格蘭特教授所說:「我們很快就能意識到其他人應該三思。每當我們針對醫療診斷尋求第二意見,我們就是在質疑專家的判斷。遺憾的是,面對自己的知識與意見,我們往往會偏好感覺對的而非正確的選擇。」[24] 一如直覺,請你信賴的人檢視你憑感覺做出的判斷。在人才選任時,一定要用口頭方式私下取得推薦參考,書面推薦通常只是浪費時間。

本能反應

直覺有時會和本能反應混淆。這兩個詞的確常常交互使用。但這兩者很不一樣,我們在做判斷時需要體認到兩者間的差異。本能反應是「是一種動物回應特定刺激的內在、通常既定的行為模式」。[25] 這些刺激可能會告訴我們再點一份雙層起司堡是個好主意。我們根據經驗的判斷應該會警告我們接下來會肚子痛。

對刺激的立即回應不是判斷。通常牽涉單純生理的反應,像是恐懼。詐騙集團操弄著你的情緒,透過電話告訴你,你的電腦安全系統已經遭到破壞,需要立刻採取行動,他們一旦能操控你的電腦將能修復這個問題,這時詐騙集團仰賴的就是這種本能反應。

你決定是否要再吃第二個起司漢堡時,或許不該仰賴本能

反應,但在其他情況中則可能很有幫助。本能反應會告訴你在不熟悉的小鎮走暗巷捷徑可能很危險,或你在脫水,需要喝水。但我們應該謹慎,做判斷時不要使用本能反應。

如何使用直覺

在思考是否使用直覺時,要自問兩個問題:

◆ 對於我要做的事情是否須取得證據?
◆ 這件事重要嗎?

如果須取得證據(提供給同事、監管機構,或依據法律規定),直覺或憑感覺就不足以做為判斷的基準。「我覺得這樣是對的」無法被放大仔細檢視,也無法提供足夠解釋。

如果不需要有證據,結果也不重要(「新車我決定選銀色,而不是黑色的」),你可以照自己的感覺走,依情況而定搭配分析與直覺來做出選擇。

如果不需要提供證據,而結果又很重要,如圖 10 所示,那麼使用直覺就與評估、管理風險有關:

◆ 越重要,則使用直覺的風險越高。
◆ 對情況越不熟悉,使用直覺的風險越高。
◆ 你過去使用直覺做判斷的紀錄越差,則使用直覺的風險越高。

但一如與判斷相關的許多事,情境最重要。需要權衡在特定情境中,使用直覺與不使用直覺的相對風險。

當我們第一次見到某人時,一個常常出現的問題是我們

圖 10 判斷：是否應該靠直覺或憑感覺？

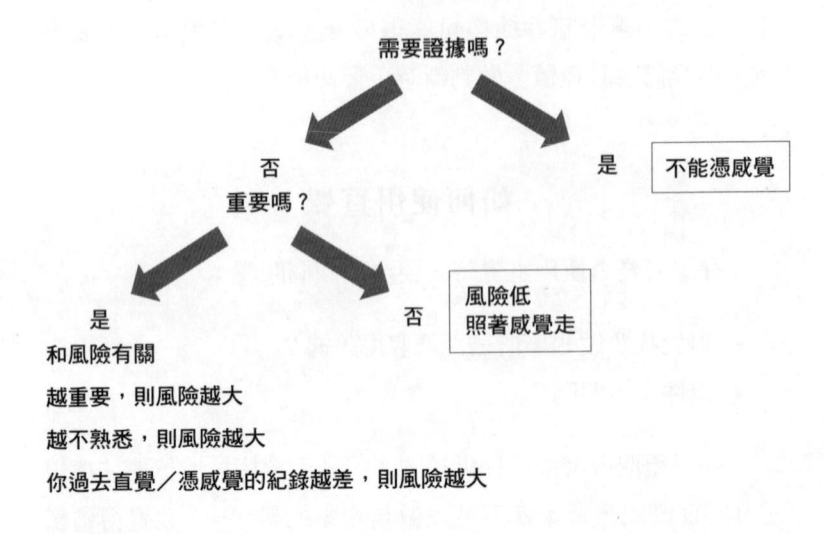

```
                需要證據嗎？
              ↙           ↘
            否              是    不能憑感覺
          重要嗎？
         ↙      ↘
        是        否    風險低
                       照著感覺走
```

是
和風險有關
越重要，則風險越大
越不熟悉，則風險越大
你過去直覺／憑感覺的紀錄越差，則風險越大

是否應該「傾聽」直覺或憑感覺：例如一個潛在的新同事或顧客。可以，但有風險。情況好的時候，我們可以靠著多年累積的經驗，像是那位代頓的消防員。但世界上充滿許多能裝得一副很了不起卻無法落實承諾的人；也有很多具備優秀特質的人，在「憑感覺」運作的最初幾秒鐘卻無法將最好的自己展現出來。

13

多元性觀點

> 傾聽每一個人的意見,可是只對極少數人發表你的意見;接受每一個人的批評,可是保留你自己的判斷。
>
> ——莎士比亞,《哈姆雷特》

義大利乳製品公司帕瑪拉特前執行長卡利斯托‧坦茲(Calisto Tanzi)的訃聞中寫道:「一般普遍認為他無法接受不同的意見。」[1] 坦茲因長期盜用自己創立公司的款項,挪走 8 億歐元而被定罪。這是權力沒有受到多元想法制約的危險,坦茲就是一個現成的例子。企業文化中的多元往往指的是性別、種族背景、身心障礙或性傾向,但一個組織在想法上缺乏多元思考往往很危險。

在討論判斷力時,多元指的是尋找不同的觀點(同樣可能來自社會、教育程度、文化等不同背景),藉此改善判斷的品質,並避免團體迷思。在團體中多元性很重要,不只是為了發展馬修‧席德(Matthew Syed)所說的「集體智慧」,也是一個組織提供「不同的觀點、洞見、經驗與思考風格」的做法與文化的一環。[2]

前蘇格蘭皇家銀行(Royal Bank of Scotland)高層珍－安

娜・加迪亞（Jayne-Anne Gadhia）便曾指出在性別平衡上缺乏多元思考的危險之處。對於該銀行在2007/2008年金融危機殞落的證據中，她描述一個非常男性為主的文化，及「普遍性別歧視」的狀況。她表示：

> 我認為蘇格蘭皇家銀行的失敗是因為組織高層缺乏多元性。團隊絕大多數都是白人、蘇格蘭男性……蘇格蘭皇家銀行的發展與成功創造了一個不健康的環境，許多資深高層真的以為他們就是宇宙的主宰。[3]

缺乏多元性的狀況不僅限於傳統產業中獨裁的管理階層。包括Facebook與Google在內的幾間頂尖高科技公司都被指出在性別平衡上缺乏多元性，也缺少具備科技領域外足夠經驗的資深員工。同樣狀況也出現在領導者強勢管理的非營利及慈善組織。在慈善機構Kids Company的案例中，一位個人魅力十足的領導者主導著這間旨在幫助弱勢兒童機構（請見164頁）。

缺乏多元思考對判斷上的威脅也顯現在觀點僵化及偏好冒險的態度上。在不會被挑戰的狀況下，團體與個人變得只關心自身且眼光狹隘。改善多元性也可能帶來直接正向的影響。研究組織行為的羅伯・高菲教授（Rob Goffee）與賈瑞斯・瓊斯教授（Gareth Jones）便強調其重要性，有助於鼓勵創造與創意。[4]

我們大多數的人可能會覺得多元思考用說的比做的容易，與那些和我們相似、支持我們想法的人一起工作更自在。當同事表示你的新點子很棒，而不是提出很多問題及懷疑的反駁論點，可能更令人安心。的確，和許多資深管理階層聊過後，顯然許多人都不認同多元看法的價值觀。他們認為團體的凝聚力一定會變差，相較於所有人的看法都一樣時，多元看法會讓會

議更難進行。

我們可以透過刻意納入政策的方式增加多元性。舉例來說，兩位員工被指派擔任外包與顧問公司 Capita plc 的董事會成員。其中一人被問到「員工兼任董事能為董事會帶來哪些價值？」他回答說：「在公司管理階層以下層級工作的直接經驗，針對政策執行、顧客回饋、員工士氣等領域提供回饋。」[5]

在商業領域中建立多元性最著名的例子說不定是麥肯錫的「反對的義務」（obligation to dissent）。注意：是義務，不是選項。麥肯錫的這條義務適用於公司全體，不只是高層。這源自公司創立非常初期，一位人資告訴我，這就是麥肯錫的 DNA。

我們可以說，麥肯錫模式需要一個能自信面對挑戰的資深管理階層，在這個文化中可以提出這類的挑戰。在許多公司這根本是不可能的事。如果希望這類的政策要有效，那些提出意見的人要有信心他們這樣做不會被攻擊──在減少偏見的措施中，已提供這樣的心理安全感（請見 121 頁）。

多元觀點必須搭配上能利用多元性的能力與意願，且潛在持不同意見的人也不會覺得表達意見會受到懲罰。這點似乎就適用在豐田汽車執行長豐田章一郎身上，他曾是他那一代最傑出的企業家，採用了奠定豐田汽車成功的全面品質管理（Total Quality Management），帶領公司成為全球首屈一指的汽車製造商。但其訃聞卻形容他是「一位謙遜的人，喜歡受到挑戰」。[6]

我們不能將這類環境視為理所當然，就算是那些接受異議的文化。我常常看到下屬告訴長官，他們覺得長官想聽到的話──那樣的環境不會有多元性。舉個體認到此種障礙的例子：滙豐採用「勇敢正直」（courageous integrity）來形容非執行

13 多元性觀點

董事成員應如何表現,強調不只需要多元觀點,還要有能表達這樣觀點的信心。滙豐理解到,如果其他董事會成員被脅迫而噤聲,有多元性也沒有用。

藉由邀請新的人增加討論的多元性,能提升測試想法的能力、補足團體集體知識上的不足,並避免落入團體迷思的危險。可以邀請組織內部或外部人員,或許是專家、具備獨立觀點的人或兩者。

亞伯拉罕・林肯(Abraham Lincoln)就是範例。桃莉絲・基恩斯・古德溫(Doris Kearns Goodwin)在其著作《無敵》(Team of Rivals)中描寫到林肯的特質之一是願意傾聽不同觀點。他因為知道有偏見來源的危險,而做了一件為人所知的事,也就是讓自己身邊圍繞著他尊敬的專家,但這些人彼此間並非總是看法一致。[7] 保羅・約翰遜(Paul Johnson)在其著作《英雄》(Heroes,暫譯)中提到林肯去見國務卿威廉・H・西沃德(William H. Seward)的故事:

> ……他往往不同意對方的看法,也不是特別喜歡這個人。西沃德不知為何摔斷了手臂和下巴。林肯發現他不僅臥病在床,還無法移動頭部。總統沒有一絲猶豫,立刻整個身體往前傾,用手肘倚在床上,臉靠近西沃德的臉,接著兩人急迫地開始低聲討論政府該接下來該採取做法……林肯大可以用西沃德行動不良做為藉口,而完全不要向他諮詢。但這不是他的作風。他總是做對的事,就算很容易就能避開不做。有多少其他偉大的人也能做到?[8]

史蒂芬・強森在其著作《三步決斷聖經》中表示:「多元

的力量非常強大,就算帶來多元觀點的人對於討論中的議題沒有相關專業,仍能對團體有所幫助。」[9] 史考特・佩吉(Scott Page)就表示,在解決問題與預測時,一群有多元專長者的表現勝過一群「能力」強的人。[10] 如果一群人不確定群體裡是否有足夠的多元性,可以請一位獨立外部人士訪問團體成員,檢視做選擇的方式,並觀察團體實際狀況。

在增加團體中的多元想法時,需要有方法調和不同觀點,避免去除了團體迷思,卻導致團體無法運作。在像是執行等連貫性很重要的情況中,這點特別重要。確切做法可能是確認團體對於如何調解歧異能獲得共識,或創造相互尊重的氛圍,處於少數的人在聽到其他論點後放棄也不會感覺受到羞辱。

不能將多元想法的好處視為理所當然,必須處理其中牽涉的風險。一如許多與團體相關的例子,主席是關鍵。他們要確保對立的觀點不會變成對立的陣營,做法是提前規劃如何讓討論進行下去,並對於如何打破僵局、解決意見歧異等取得共識。確保有足夠的多元性存在也不是做一次就能一勞永逸的事。團體成員要注意團體的動力氛圍,小心不要陷入集體偏見。組成太久的團體可能需要重新調整。

14
團體動力

我在一個很棒的六月早晨開始一項事業。我自己的事業,這是不是很容易!沒有其他人參與,我在自家餐桌上做的第一批計畫是一邊喝咖啡、一邊記下幾個數字。看,多有效率。我做了一些很棒的判斷⋯⋯還有些非常差勁的判斷。因為雖然沒有同事需要說服,但也代表沒有同事能幫忙。

我們會需要團體是有原因的,對於成立已久的組織來說,不管你的看法如何,有些團體的存在無可避免。可能是法律規定(公司董事會)、監管單位(銀行的風險委員會),或讓所有相關人士都參與討論(協調委員會)。

然而,一般正常企業中存在的大部分團體,目的是要從集體判斷中受益,而不是仰賴單一個人的判斷。這些團體有幾個功能,其中一個是了解單一個人不一定具備討論選擇時所需要的技能、個人特質及經驗。整個團體存在的目的即是要彌補這些限制。而團體是否能做到,要視其規模、組成、互動狀態、成立方式及成員而定。

舉團體對創意的影響為例。團體中的多元性早已被視為是鼓勵創造與創意的一種方式——團體可能會產生比個人更棒

的洞見。但也有證據顯示,雖然團體能產生很棒的想法,卻不一定會選出其中最棒的選項。[1]

理論上,每次要做判斷時,團體做出的判斷應該都比個人還要好。優點是會議室內(或 Zoom 視訊會議裡)眾人的知識、技能及經驗都更多更好。有更多人可以詢問資訊,確保品質。討論的過程可以帶出議題、提出比任何單一個人更多的選項,避免強烈的個人看法或偏見。從過往好壞判斷的經驗中,團體也可能集體學到比個人更多,包括執行上是否可行。因此更能找出風險與問題。

缺點是所有曾參與過無盡會議的人都知道,不是所有的團體都能有效率的汲取團體成員的經驗與個人特質,或結合眾人的特質。一如馬修・席德指出:「如果團體內的個人所知甚少,那結合這些人獲得的判斷也不會太好。」[2] 團體也可能被那些意見強勢但所知不多的人所主導,甚至可能會壓制討論進行。也不是所有成員都得到能做出判斷的相同資訊,有可能因為資訊受到隱匿,部分或所有成員都沒有得到資訊。團體或許容易起爭執並形成派系,重點因此從討論的議題轉移,或者對如何選擇出現問題,像是選擇風險最低、第一個或最簡單的選項。成員可能會花太多時間在大家已經很熟悉的資訊上,因為討論熟悉的主題要比討論困難的議題更容易。沒錯,我的一位受訪者就認為總是意見一致的團體是平庸的象徵。

團體的大小也可能是個問題。太小代表可能沒有必要的知識與技能。太小也可能意味著有些人太過強勢主導。太大可能是因為有很多人想要參與,可能會因為大家都想發言,導致開會時間太長,沒有效率。如果結果顯示,沒有時間讓所有人都有所貢獻,或其中有人怕佔用寶貴時間,這樣的團體可能無法

讓有實用建言的人發表意見。

有龐大文獻在討論團體運作的方式。支持團體的人包括藍道‧彼得森教授（Randall Peterson），他認為團體比較不容易犯錯，比任何單一個人都更能從過往判斷學到更多。丹尼爾‧康納曼教授則基於特定原因而支持團體的存在。相較於個人，他對於組織做出好的判斷「更樂觀」，因為他擔心過度自信會加快事情進展的速度，而團體則能讓事情放慢，這點很有用。[3]

團體迷思

「當每個人的想法都一樣時，就沒有人在思考。」[4] 除了以上所有和團體相關的問題外，有許多證據顯示組織中團體迷思的問題非常危險，因此各個團體都需要思考如何避免出現這樣的情況。有一些行之已久的做法，包括鼓勵多元背景的參與者、多元觀點、由外部人士進行審查（例如透過董事會績效評估）或內部進行審查。也可以鼓勵團體在運作時採取多元的觀點。但最重要的是主席，主席在避免、或未能避免團體迷思上，影響力最大。

就算在任何討論開始前，一個較為正式的團體或委員會的主席通常對於成員的選擇有很大的影響力。他們也會為會議及討論定調。這往往會影響成員是否願意表達意見。團體活動進行時，主席負責在團結凝聚與小心陷入團體迷思間取得平衡。主席會決定資訊的流通，包括哪些要納入議程及如何呈現。

在集體判斷上，由於所有成員不太可能在每一個面向的知識與經驗都一樣多，主席的影響力不僅在於確認所有要素都呈現出來，也在於確保討論過程中，在對的時刻聽取對的成員的

意見,幫助團體做出判斷。

一旦會議開始,主席會影響成員的經驗與技能是否徹底用在討論及彼此的關係上。主席還能影響那些不願意出來的人多講些話(「芭芭拉,我知道這是你的專業」)。舉個主席影響討論的例子,主席可以先點出那些反對提案的人,為反對立場的人創造出一股從眾的力量,削弱那些支持提案者的力量。

還有處理個別成員貢獻的方式。主席可以微妙點出某人是否還受到支持,藉此影響團體其他成員聆聽此人意見的意願。如果主席與團體中位高權重者意見不一致,則可能會造成反效果——一旦有成員反抗,主席的權威將可能遭到破壞。

有幾種方式可以克服迪斯密特(De Smet)、克萊曼(Kleinman)、維爾達(Weerda)所稱團體討論中「同意陰謀」(conspiracy of approval)的做法,[5]其中許多已於前面幾章談過。這些研究人員建議了幾種方法。一種是提醒團體會議的目的及情境,接著針對可能的選擇或考慮中的好幾個選項,指派人負責辯論支持與反對的立場。另一種則是請代表不同功能或觀點的成員跳脫其部門單位的觀點去檢視決定。還有一種是採用反方代表的方法,針對形成共識的立場採取反對立場進行討論。此外,還有一種是先前討論過的事前驗屍檢討法,在尋找弱點時蠻有用的。

一般來說,團體成員回應一項議題的方式,很可能與他們評估其他人判斷的結果有關。例如,你對某一項議題沒法形成觀點——一個技術問題或行銷決定,很難決定不同可能結果各自的影響。你可能會比較仔細傾聽團體中那些你認為更有資格做判斷的人。可能是你覺得意見很關鍵的某人,或好幾個人綜合的觀點,你覺得這些人對於議題了解比較清楚。相反地,

你可能不信任某些人對於這件事的看法（或說不定是對所有事情的看法），或你覺得這個人的看法很可能是錯的。如果你信任的所有人都支持（可能所有你不信任的人都不支持），很容易就能決定要把票投給哪一方。當然，此時會有團體迷思的危險，但在個人事務上，採用你所信賴同事的觀點或許是很合適的參考。

第四部

實務應用範例

15

領導力與判斷

> 判斷是模範領導的核心。有了好的判斷力,其他都不是那麼重要。
> 沒有好的判斷力,其他都不重要。
> ……領導力的精髓就是一部判斷的編年史,寫下領導者留下的深遠影響。
> —— 領導學之父,華倫·班尼斯(Warren Bennis)[1]

一個流傳已久的故事說道,拿破崙希望他的將軍們都擁有的一項特質就是他們都要很幸運。對喜歡這個故事的人,這是個壞消息。首先,沒有明確證據顯示拿破崙實際上講過這句話。第二,以此做為軍事活動或任何領導力的基礎是高風險的策略。

和美國麥克克里斯托將軍討論到此事時,他強調判斷在作戰所有面向的重要性,從評估所獲得資訊的品質,一直到做出作戰選擇。不管是現代或歷史上,任何軍事活動的故事都證實其看法,諾曼·F·迪克森(Norman F. Dixon)在其經典著作《軍事不適任之心理》(On the Psychology of Military Incompetence,暫譯)中提到以下本書也介紹過的熟悉主題:

軍事不適任包括……

- 根本上的保守主義，堅持老舊傳統。
- 傾向拒絕令人不愉快的資訊，或與預期產生衝突的資訊。
- 傾向低估敵人，高估己方能力。[2]

領導者需具備許多特質，判斷力便是其一。那些有野心卻沒有判斷力的人會把錢燒光。有魅力但沒有判斷力的人會引領追隨者邁向錯誤的方向。有熱情卻沒有判斷力的人只是沉浸在過度激動的情緒中。有驅動力但沒有判斷力的人早早起床做錯誤的事情。在控制之外的運氣和其他因素可能決定你的成敗，但判斷力能幫助你處於有利位置。

在任何無論規模大小、行之有年的組織中，領導者必須做出重大判斷──策略選擇、重大投資、雇用關鍵員工。他們也需要處理主要的利害關係人關係，包括重要顧客及顧客群、員工和其他利害關係人，尤其是資金提供者。領導者做的大部分事情都很複雜。一如歐巴馬總統對於身為美國總統所提到的：「我做的大部分決定並不會產生明確俐落的神奇解方。如果可以的話，通常會有其他人完成，這些決策也不會送到我的桌上。」[3]

雖然很多重要判斷牽涉到諮詢討論及委員會的運作，許多判斷是由領導者一個人決定，甚至包括要交付諮詢及委員會的議題內容及數量，以及處理和揭露的資訊量，都是由領導者決定。因此，領導者是否具備好的判斷力對組織影響深遠。判斷力的好壞之分往往是造成一間公司的成敗關鍵。就軍事領導人來說，風險可能很高，攸關存亡。

因此，在決定一個人是否能成為好的領導者，或評估某人是否具備領導職位的特質時，判斷力往往是考量時最重要的特

質,這點不令人意外。

不只是高風險、成敗攸關的判斷如此。每一天,領導者都要運用判斷力決定那些沒有那麼戲劇化但同樣關鍵的議題。我和某位才剛接下銀行營運長職位的人聊到,其工作涵蓋非常廣泛。他告訴我,他需要在兩個關鍵領域運用判斷力,這包括(1)在有限時間下專注在哪些面向,以及(2)何時擇善固執,何時不要。思考過後,他又增加了兩點:(3)設定目標時如何平衡企圖心及實際狀況,(4)如何有效溝通。

朱利安・里徹(Julian Richer)是曾獲獎的電子產品零售商里徹影音(Richer Sounds)的老闆,他對好的領導力的定義是「判斷力、在前線領導、承認自己的錯誤」,[4] 而每位領導者都會有自己對於領導力的定義。可能包括的議題如下:

- 透過企業文化與價值觀「由上而下定調」。
- 回應事件、情況所做出改變的速度與本質。
- 領導團隊組成。
- 責任下放以及團體與委員會的角色。
- 人員管理,包括如何處理績效不佳狀況。
- 針對重要產品與服務的判斷,包括範圍、規格、品質議題等。
- 獲取資金方式、貸款條件、財務上的權衡(或針對非營利組織的情況則是管理資助人)。
- 諮詢討論的進行:如何提供及採納建議。

這裡要說清楚,判斷本身並非萬靈丹,無法保證任何領導者或主管一定成功。但也沒有其他的萬靈丹。領導者需要許多特質,視情況不同,可能包括靈敏度、企圖心、魅力、承

諾、創意、決心、活力、靈感、正直、韌性、足智多謀、遠見……難以一一列舉。但如果沒有判斷力，這些或所有特質可能都會被浪費或誤用。一如安東尼・賽爾登爵士（Sir Anthony Seldon）與強納森・米金（Jonathan Meakin）針對任期短命的英國前首相特拉斯（Liz Truss）傳記中寫道：「她完了。為什麼？因為最終分析顯示，她缺乏了一位首相最重要的單一特質：判斷力」。⁵

領導者做判斷的過程和先前已提過的過程沒有太大差別。但涉及的風險通常更高，責任也更大。領導者需要確保他們能理解牽涉了什麼並依此管理過程，包括相關的風險。對風險的關注特別放在過程中較後面的階段——領導者的風險胃納或風險容忍度，做選擇時如何處理風險、執行環節中的風險。

大部分的領導者會信賴自己選擇圍繞在身邊的團隊，唯有如此才能有效運作。Facebook 營運長雪柔・桑德伯格（Cheryl Sandberg）以其經驗平衡年輕的馬克・祖克柏（Mark Zuckerberg），就是為人熟知的一個例子。理查・布蘭森爵士（Sir Richard Branson）告訴我，他因為有讀寫障礙，因此聘請了一群信賴的人提供他所缺乏的技能。

若不能理解這樣的依賴，會是很嚴重的缺失。我在紡織業工作時，記得有一位非常成功的企業家，他指派一位同事在他總是過度一頭熱時提出反對立場，從他許多輕率的案子挑出實際可執行的案子。有一天，他因為那位同事太過負面而將對方開除。一年內公司便破產。

你不只需要信任身旁的顧問。還需要那些能讓你安心睡好覺，你不需要一直質問對方判斷的同事。

判斷框架要如何應用到領導力上，這是本書前面所提六個

要素的核心。以下再次概要說明先前幾章所提過，領導者需要謹記在心的要點：

1. 知識與經驗

要做到：找到那些能提供你所欠缺知識與經驗的人。了解必須持續尋找知識，並保持這樣的態度。

一些危險訊號：自負、過度自信、未能視情況調整。認為自身角色沒有什麼需要學習的地方。

2. 覺察

要做到：就算遇到工作上無可避免的壓力，也能透過積極傾聽維持覺察度。控制自己得到的資訊量，尤其當資訊量可能過大時。

一些危險訊號：停止傾聽，尤其是成功的時候。因為資訊過多而難以負荷。

3. 信任

要做到：了解到你所信任的人、你對他們言論給予的重視程度都會影響你個人領導力的品質。明確表示領導力是你在團隊中尋找的特質，並將此特質納入人員推選及評估的一部分。

一些危險訊號：只相信你想要聽到的內容。你所仰賴的人不能在必要時起身與你對抗。

4. 感受和信念

要做到：古希臘人非常吃這一套。「認識自己」（Know

thyself）這句話被刻在德爾菲的阿波羅神殿上。對領導者來說，這絕對包括察覺到自己所有的感受和信念，先從覺察個人偏見開始、你如何運用自己的價值觀、了解自己被情緒影響的程度。

　　一些危險訊號：拒絕、忽視、不聽那些與你個人不同的資訊或看法。不知道自己的情緒和感受（包括偏見，尤其是成功時過度自信）如何影響到判斷。

5. 選擇

　　要做到：確定列出了正確的選項（不排除重要選項，並適當評估風險）、合適的人以合適的順序及組合參與（個人 vs 團體）。優先順序、記事管理法、精簡會議時間都有助於創造正確的選擇條件。

　　一些危險訊號：資訊過多或不足。太忙而無法將注意力放在重要的事情上。

6. 執行

　　要做到：記得這不是額外選項 —— 讓事情發生才是好的判斷，而不只是決定做某件事。

　　一些危險訊號：沒有徹底思考執行流程。沒有清楚說明其中風險。

15 領導力與判斷

16 專業與判斷

> 沒有特定形式的判斷力來區別出其職業的專業人士⋯⋯就是一個不適任的外行人。
> ── 英國保守黨政治人物，麥可・戴維斯（Michael Davis）[1]

所以，專業人士之所以專業的原因為何？知識是當然的。經驗也是。對於像是醫生或建築師等有執照規管的職業，有一套行為守則及流程能讓同事及客戶感到安心。但光有知識與經驗並不足夠。專業人士需要在規範與實踐的框架下，透過專業判斷，將知識與經驗應用在客戶的特定情況中。對於沒有執照規範管制的專業工作也是如此，對於那些自稱擁有專業地位卻沒有受過必要訓練或遵循專業標準或倫理規範的人，專業判斷是分辨出真正專業的其中一項要素。在任何領域中，如果要成為不同於新手或資深技術專家的專業人士，則要能針對特定情境以其判斷應用知識與經驗，並在被要求時，針對一系列行動作出建議。

專業的重點在於能做出專業判斷的能力，勝過正

式知識。[2]

專業……需要應用成熟、經推理的判斷。[3]

任何審計的關鍵特點是有效使用專業判斷。[4]

技術專員知道很多，專家知道更多，而專業人士的角色則是視情境需要應用。因此，專業人士的聲譽及收取的費用往往與其判斷品質直接相關，這也不令人意外。

一如專業判斷不只是專業知識而已，專業判斷也不只是專業技術罷了。專業技術指的是能將某件事做得很好的能力，專業判斷則是使用該技能的方式。

一如其他領域的工作者，在確認事實及情況後，專業人士會仰賴其判斷。專業工作的判斷與其他情境中的判斷不同之處在於，他們也必須考量到許多專業標準，包括倫理、法律規範及前例。

判斷與專業判斷不同的地方在於做出判斷後造成的結果。在工作上，一個人如果判斷出錯可能被責罵，最糟可能會丟掉工作。在專業工作上，可能受到專業單位的紀律懲處，包括在最極端的狀況中，執照或專業單位的會員身分會被取消。

與客戶合作時，會需要專業判斷為對方取得最佳利益。大部分的狀況中都很簡潔明瞭。決定取得第二意見，隨時獲得最新研究或最新規範、應對很難處理的客戶、處理利益衝突並避免違反專業法規等，這些都是專業工作日常的一部分。

在某些例子中，判斷會涉及其他利害關係人，包括在客戶需求與整體社會需求間取得平衡、當涉及某位客戶，或思考某件違法的事。在運用判斷時，專業人士會針對事實與情況應用相關訓練、知識、技能、經驗。專業判斷涉及更廣泛判斷定義

16 專業與判斷

中的所有要素，像是基於專業知識去考量證據，以做出結論或建議。

由於沒有針對專業判斷的單一定義，有些專業工作甚至沒有對其定義，我以自己對更廣泛判斷的定義做了調整後，如下：「**結合相關知識、經驗、專業標準與個人特質去形成意見或做決定的能力。**」

當專業工作沒有定義專業判斷是什麼時，往往只有當事情出錯了，才知道某位成員是否具備判斷力（而不是專業知識或技能）。建築物坍塌或糟糕的例行運作都是證據。有時候，專業領域會針對那些「引發對該專業負面聲譽」者採取行動，但好的判斷則很少被清楚定義。建築物沒有坍塌或例行運作正常時，我們不會特別指出其中牽涉的專業判斷。

判斷對專業工作的許多面向都如此重要，但很多專業工作對於專業判斷的定義模糊、對於專業判斷在人才選任、晉升、績效評估的角色往往沒什麼存在感甚至不存在，這令人意外。這顯然有落差，因為將判斷框架運用在專業工作時，有許多要素都特別與專業人士相關。以下是判斷框架中各要素的例子。

知識與經驗

專業判斷隱含了在特定案件應用專業素養的能力。例如一間公司詢問測量鑑定人員，在商業條件與去年相同的狀況下，公司是否需要重新估算資產價格。對此的假設是專業人員能分辨出哪些情況相似，哪些不然。另一個例子是假設專業人士會知道最新發展，像是公司內部食品技術師會知道目前供應超市的衛生標準規範。對於土木技師報告中針對要蓋房子的土地應

作出保留,建築師同樣也被假設應該了解其重要性。在某些例子中,一定以上時間的經驗很重要(「承保領域中沒有年輕的神童」)。[5]

覺察

專業人士被期待對於要處理的議題有高度理解,能據此運用其專業判斷。當事情出錯時更容易看出來——內部稽核人員未能察覺詐欺的跡象,或測量鑑定人員未能注意到潮濕的狀況。一如所有人,資深專業人士會遇到的危險是隨著時間過去,可能因為習慣或自滿而導致高標準下滑。可能會太快且用抄捷徑的方式做出結論。

信任

公司的法務長或總法務的意見,和受執照規管的專業人士在其領域中做出的意見影響力一樣大。非專業人士的意見則非常不一樣。在這個例子中,像是研究科學家、媒體傳播業工作者等不受到執照規管的專業人士,會基於參與相關者的可信度來決定是否可以信賴。

感受和信念

專業人士需要非常注意的感受和信念之一是他們的職業價值觀。在以專業身分行事時,這些價值觀構成了專業判斷的基礎。對於作為雇員的專業人士(例如公司內部法務),可能還

需要在職業價值觀與作為雇員以組織最佳利益行事的要求之間取得平衡。過度樂觀的法務若強化執行長過度樂觀的看法，因而淡化一件訴訟案件的重要風險，對股東來說可能是很糟的壞消息。同樣地，一位總是悲觀、對於任何提議都只看得到缺點的財務長，則沒有根據考量過的風險評估做出平衡的判斷，而能做出平衡判斷才是優秀專業人士該具備的特質。

專業人士必須展現他們能將專業建議與行動和個人感受分開，專業人士被要求提供意見時，也被假定能將個人感受拋開。但就像任何人一樣，專業人士可能也很容易受到偏見影響。麥斯·貝澤曼教授認為，若專業人士沒有意識到自己「扭曲的資訊處理過程」，將會誤以為自己的判斷完全沒有偏見。[6]

在組織層級，可能是組織想要採行的行動違背了專業法規，像是從避稅變成了逃稅。在極端例子中，可能代表專業人士必須從組織辭職，因為他們被要求做的事情違背了專業從業規範。

選擇

專業人士被預期要知道能幫助做出選擇的相關法律或其他規範，不僅如此，還要能以其專業判斷協助形塑出選擇。可能包括找到新的選擇。例如，已逝的米胥肯勳爵（Lord Mishcon）曾是英國一間法律事務所負責人，他「和私人客戶的應對非常厲害，能幫助客戶從他們自掘的任何問題中解救出來」，包括能為客戶找到本來可能錯過的其他選項。[7] 專業人士能運用其專業判斷找到並釐清其他可能選項的風險，藉此為選擇的風險評估做出重要貢獻。例如當醫生發現其他替代手術的風險，或是當客戶在考量建造計畫是否可行時，工程顧問能幫助客戶將

華麗的簡報與好的案子區分開來。

執行

專業判斷包括幫助非專業人士理解對於非做不可的選擇，執行其他選項的實際狀況。設計得很棒但會漏水的建築物、排程一點也不實際的建築案，這兩個例子顯示一旦做出選擇，差勁的專業判斷會影響執行能力。一如選擇，了解執行的風險並與客戶溝通此風險，這是專業判斷很寶貴的一環。

還有其他能廣泛應用在執行上的專業素養例子。一個是只委派給具備必要經驗與資格的同事。另一個是建議同事採取任何必要補救行動，例如隨著大型專案的進展，根據案子是否能如期於預算內完成的最新資訊，進行必要補救措施。

我之前和一群律師討論法律專業中判斷的角色。我告訴他們，我認為許多具備良好判斷的人都經過法律訓練，就算他們現在沒有在執業。其中一人完全沒有接受這隱含的稱讚，並表示他認為律師經過訓練後在特定判斷面向表現不錯，但在其他面向則非如此。更確切來說，他認為律師並不擅長在需要考量到執行複雜度的狀況下做出結論。他認為若能更重視這點，將可望改善專業判斷。

討論小組中另一位成員表示，律師往往很難理解其處理案件中的商業要素，並視情境運用其自身專業判斷。

訓練的角色

法律討論小組的看法顯示，訓練扮演了重要角色。對於前

述某位律師認為律師難以理解商業面向,她舉辦了企業做決策的相關訓練,藉此幫助律師提升這個領域的能力。

在任何情況中,訓練都是專業重要的一環,也由於其重要性,專業判斷應該清楚被納入專業訓練的一環,而非做為額外選項。抱持樂觀態度會導致專業人士、雇用他們的組織、其客戶容易受到可避免的風險所影響。因此,應該要清楚了解特定專業要有哪些專業判斷。

為此,我很榮幸受到英國的財務報告委員會(Financial Reporting Council, FRC)邀請參與一個工作小組,為稽核人員如何找到並培養專業判斷提供指引參考。這份指南於 2022 年出版。內容包括將專業判斷要素納入其他稽核要素的框架:稽核員心態、諮詢的需要及稽核的環境 —— 稽核如何安排、可獲得的資訊、被稽核公司的類型。指南中附有案例。做為監管機構,FRC 的影響力很大,指南則清楚說明「選擇不考慮這份指南做法的從業人員,需要準備好解釋他們是如何整理出相關標準」。[8]

專業工作的未來

在未來,有鑑於 AI 將處理例行工作、商業與專業工作將受到更多監管,許多專業人士的角色將急遽改變。在這些發展下,更多重點將放在專業互動與判斷的角色等人為面向上。例如在醫療領域,AI 有可能解放醫生,讓他們去做他們做得最好的事 —— 處理病患。越來越多專業將會以這種方式使用 AI。

17 董事會的判斷

> 董事會在面對複雜決定時,通常要在不確定下運用其判斷並斟酌考量,因董事會沒有所有需要的資訊。在這些時刻,董事會的判斷最重要,最終將決定一間公司的命運。
> ── 國際經濟學家,丹碧莎・莫尤(Dambisa Moyo)

看起來或許很戲劇化,但在許多國家擔任過非執行董事的莫尤女男爵指出:「好的董事會也會發生不好的事情。董事會常常被要求為了公司未來,捨棄其意識形態看法。在這些時候,董事會的判斷力便很重要 ── 不管是董事個人或整體。」[1]

許多不同的組織都有董事會,包括跨國公司、小型慈善機構、U型結構、監管性質、只有三位成員或三十位成員的組織。不管組織及董事會的規模為何,董事會的好壞差異在於能否運用集體判斷。董事會遇到的議題也可能非常不同,但重大判斷若出錯,對於組織的運作及未來將造成重大差異。艾達・丹姆(Ada Demb)及法蘭茲-弗萊迪屈・努波爾(Franz-Friedrich Neubauer)是針對董事會議題相當知名的美國評論家,他們將董事會判斷連結到「策略、專案、財務、產業、個人……了解如何做出這些判斷的團體動力狀態,並決定董事會

的決策過程是否有助於進行周全考量,這幾點非常重要。」²

不只是董事會集體的判斷重要。董事會上單一能影響做出良好判斷最重要的人就是主席。主席強大的影響力通常不僅展現在指派成員,也會影響是否要開除某位成員。一位董事會主席告訴我,如果執行長從鼓舞人心變成充滿妄想,主席便該採取行動。

主席也會影響哪些議題會以怎樣的形式送交董事會上。主席會為會議定調,尤其是成員參與及挑戰的方式、成員間的關係、達成結論的方式。我曾採訪過一位非常資深的非執行董事,對方告訴我一個良好做法的例子,他說:「最好的〔主席〕會最後一個投票。他們給大家機會,在不受到主席觀點影響下分享自己的看法。這樣做非常有效,尤其當事情並非如此顯而易見時,而狀況通常都是如此。」³ 主席就像其他人一樣,也要願意學習及傾聽。菲利浦・漢普頓爵士(Sir Philip Hampton)本身是非常有經驗的董事會主席,他告訴我他擔任導師時,有個首次擔任主席的人讓他印象非常深刻,對方會承認自己不知道某些事情。

對於非執行董事,賭注很高。有良好判斷的人不僅能貢獻許多個人價值,也能對處理議題的做法有所貢獻。相較之下,那些曾經參與過任何委員會的人會知道,當成員沒有判斷力時會造成的困難。最輕微的狀況是浪費時間在不相關的事情上,最差的狀況則是會因沒有幫助或誤導性的考量混淆其他人。

非執行董事在其他組織經驗帶來的不同觀點將可望鞏固多元想法。儘管經驗和過去紀錄很重要,卻不足夠。一如其他判斷力的應用,必須與組織及其狀況相關。

至於團體迷思,指派那些與現有觀點相近的非執行董事比

想像更危險。此外,如此一來也會失去多元想法所帶來的創意。一份針對非執行董事角色的報告建議,非執行董事「應該具備良好判斷及追根究底的態度。應該聰明提問、有建設性地辯論、積極挑戰、冷靜決定。他們應該仔細傾聽董事會內部與外部他人的看法。」[4]

因此,在尋找能讓團體更強大的董事成員時,一定要將判斷力納入考量。有良好判斷力的董事是一項資產;若判斷力差,輕則喪失機會,重則拖累其他董事會成員及組織。一如肩負重要責任的主管,判斷應該列為選擇董事會成員的重要基礎。

董事會成員有非常多機會展現他們的判斷力。我曾採訪過在擔任執行董事相當有經驗的科萊特・鮑伊女爵士(Dame Colette Bowe),我問她如何判斷同事是否具備判斷力。她回答說她會找那些「不會不經大腦思考的人;那些有信心及明智到能在發言前先停下來思考的人;那些密切注意董事會互動狀態的人;那些能承認自己改變想法,能敞開接受事實與證據的人。」

不管組織的規模及類型,整個董事會仰賴的兩位執行董事是執行長與財務長。執行長肩負著組織運作及協助董事會判斷的責任。財務長會至少提供必要的財務資訊。兩人都需要取得其他董事會成員的信賴,包括確保完全揭露相關資訊,且無任何操弄狀況。

財務長與執行長之外的執行董事做為董事會成員的角色則更為侷限,尤其是因為他們通常無法公開反駁老闆。如果有非執行董事在,執行董事一定要在事前先決定好,如此一來非執行長或財務長的執行董事才能運用判斷,決定在董事會議過程

中如何及何時進行介入。

聚焦選擇

▶ 呈現選項

做為董事會成員，我聽過許多簡報設計的內容目的都在確保董事們會做出報告者想要做出的結論。董事會如果要做出對的選擇，一開始一定要詢問選項是怎麼選出的。也可能需要檢視描述選項的方式，包括意識到可能遺漏了某些選項。

董事會就像任何其他團體一樣，不僅需要正確的選項，也需要讓正確的選項被清楚呈現。好的做法有哪些？謹記得：「運用你的判斷做出清楚的建議；簡潔，內容限制在六頁以內（單一議題）；找出讀者並用正確的形式為這些讀者撰寫；以口語呈現，不要用行話、術語」。[5]

▶ 分析選項

董事會需要透過檢查核對、必要時質問提供的資訊，藉此確認做選擇時的立場。董事會對於預測基準及風險分析方式這兩塊的假設會特別有興趣，但所有面向的判斷都需要考量，包括權衡取捨、時機、後果、可行性等。未能檢視以上幾點可能會造成嚴重後果，從許多投資與擴張計畫的失敗案例就可得知。

在分析時，要聆聽每一個人的意見，不只是董事會成員，而是所有團體的意見，這點很重要。珍妮·杜瓦里耶曾擔任許多公司的董事，她表示：「不讓聲音最大的人主導很重要。找出那些聲音較小的人的看法。」這也代表要以尊重的態度詢問

並發表意見,鼓勵大家都勇於發言。我曾於某間公司董事會服務,該公司(非常英式的)執行長對於好的問題會表示:「很棒的挑戰。」對於愚蠢的建議,他的回覆則是:「很有趣的挑戰。」

判斷可能指的是保持冷靜的能力,但這不代表冷淡或不投入。在詢問時,董事會需要根據合適的挑戰方法,對於要決定的事項發展出周全的看法。約翰・圖薩爵士(Sir John Tusa)擔任多個藝術與文化組織的董事長及執行長,他告訴我:

> 你應該對組織的目的充滿熱情,但對於組織運作的方式保持冷靜,才能發揮組織的潛力。有勇氣的執行長在會議即將結束之際,應該問問是否問對了問題、是否還有其他應該問的問題。管理階層應該負責,但不是用貶低的方式。

在考量關鍵選擇時,應該處理執行董事與非執行董事所知上的任何落差。非執行董事需要獲得也同時覺得自己得到充足的資訊。執行董事應該預期非執行董事會問一些好問題,並如實清楚回答。

▶▶ 如何做出選擇

我知道某個董事會的主席在討論開始前,會先以強硬的態度表達其觀點,再邀請其他成員發表。他的訊息很清楚——敢反駁我你就慘了!不用說,董事會成員都不會反駁,董事會沒有什麼價值。董事會成員需要覺得能持有不同的觀點,異議者也能安全表達立場。科萊特・鮑伊表示:「你需要鼓勵大家發言。可能是在會議中場休息時聊聊足球,讓大家放鬆外,也

打破隔閡。判斷不是憑空做出;都有其情境。」

當整個董事會感覺都很好,幾乎什麼事都意見一致時,主席則需要擔心是不是氣氛過於舒服安逸。做選擇的判斷很可能來自於董事會中的多元觀點,而董事會上具備其他組織經驗的非執行董事會帶來不同觀點,進一步增強判斷的結果。讓董事成員在不同狀況都只能同意,則喪失了發揮創意的大好機會,董事會也可能出現團體迷思的問題。

避免過度仰賴單一個人的專業知識也很重要。董事會成員的專業知識非常有價值,在討論時讓這些專業知識更具份量是對的,也很正常,但如果所有人都不假思索地把問題丟給專家,會很危險,因為專家可能帶有強烈的意見,不是每次都能將其專業知識應用在不同的情境中。

同樣地,有些問題必須在董事會的層級提出,確保這樣的想法經過利害關係人及其他人討論溝通。「會受到影響的人對於這個提案的反應是什麼?」「監管單位會怎麼看?」「股東會怎麼看?」「在媒體中會如何發酵?」一些國家的法律規定董事會要運用獨立判斷原則,包括確保考量到所有利害關係人。

董事會績效評估的角色

董事會通常會覺得時間很趕,很可能會急著討論下一個議題,而不會回頭檢視他們做出的判斷品質。如果是這樣,董事會就跟任何團體一樣,喪失了從好壞經驗學習並改進的機會。董事會績效評估很重要,能找出董事會的強弱項,改善個人及董事會整體的判斷。

董事會成員要知道自己是否有良好判斷力並不容易。畢竟

這是個敏感議題。透過績效評估的過程，董事會可以了解能如何改善運作的方法——若能將績效評估看作學習的練習，而不是一場指責的遊戲，將能大幅提升績效評估的效能。

雖然有些人認為董事會績效評估的個人回饋很嚇人，我一直覺得能知道該如何改進很寶貴。如果你不知道自己做錯了，又怎會知道該如何改進？例如，看看是否有你沒注意到的偏見、你需要的經驗或知識，這是很好的機會。我服務的某個董事會主席有一份缺漏能力清單，他利用董事會績效評估的回饋機會，鼓勵成員針對對董事會整體重要的特定領域培養更多知識與專業了解。

董事會績效評估應該讓成員匿名對彼此表達看法，通常是請獨立顧問處理以保持機密。但就算同事能自在表達對彼此看法，你還是不應該單純仰賴董事會績效評估來改善你的判斷：績效評估中設計的問題可能不足以涵括所有範圍。所以，跟其他董事會成員聊聊，尤其是那些你尊敬其判斷力的人，這樣做通常很有用，尤其是在開完一個困難重重的會議後。如果你覺得和董事會上的同事聊聊會有問題，可以和其他董事會有經驗的成員聊。

最後，如果你考慮是否要以非執行董事的身分加入董事會（說不定是非營利或志工組織），有幾個與判斷相關的因素要考慮。對董事會獲得資訊的信任、董事會對風險態度、對辯論的開放態度，以上都是可以觀察的信號。最重要的是觀察關鍵人士，尤其是主席、執行長與財務長。不僅要思考是否能與他們共事，最終你會需要仰賴他們的判斷，一如他們將倚靠你的判斷。

獨立判斷的 12 個要素[6]

▶▶ 原始素材

- 全神貫注投入在書面及口頭報告素材
- 確認提供的資訊,必要時對其提出提問,包括使用的方法及假設。
- 避免過度仰賴單一個人的專業知識或多數觀點。
- 考量情境:目標、前例、相關比較、法律規定、倫理議題。

▶▶ 態度與感受

- 根據合適的挑戰方式,形成周全觀點。
- 不受到派系利益或目的過度影響。
- 意識到個人的偏見、目的、情緒,以及集體價值觀,像是公平。
- 了解風險及不確定性,以及如何減少這些影響。

▶▶ 選擇

- 鼓勵多元觀點的環境,異議也能安全表達。
- 確認選項被形塑的方式,包括那些可能被排除在考量外的選項。
- 了解選擇中涉及的權衡取捨,包括時機、結果、可行性。
- 針對選擇,了解到需要與相關利害關係人及其他各方進行諮詢。

經營判斷法則

經營判斷法則（The business judgement rule）對於判斷一詞的使用非常不同，但在談到董事會時應該有所了解。經營判斷法則適用於幾個國家，包括澳洲、加拿大、英國、美國，與董事及公司之間的法律關係有關。以美國的狀況為例，「假設在做商業決定時，公司董事在享有充分資訊的基礎上行事，並本於誠信做出符合公司最佳利益的行動」。此規則之所以存在是因為：

- 若無此規則，有能力的人將不願承擔擔任董事的風險。
- 給予董事會營運公司所需的自由裁量權，避免法院事後審查。
- 避免法院檢視難以評估的決定。
- 確保是由董事控制公司，而非股東。[7]

18 人才選任的判斷

> 如果我們從一個前提出發：真正重要的事情，其實是無法量化的，那會怎麼樣？
> 那麼，與其依賴數據與衡量，我們必須仰賴一種讓人感到不安的東西來做決定，那就是判斷力。
> —— 管理思想家，亨利・明茲柏格（Henry Mintzberg）[1]

「我能說什麼。我請錯人了。他毀掉我花了十年打造的所有事物，」賈伯斯（Steve Jobs）在聘請約翰・史考利（John Sculley）當他的接班人後表示。[2] 賈伯斯說服史考利離開老字號的百事可樂，到蘋果公司（當時還是一間很新的公司），他沒有認真思考史考利是否具備對的特質，以及兩人要如何共事。這個例子說明在選擇同事的過程中需要考量判斷。蓋瑞・柯恩（Gary Cohn）擔任高盛集團總裁時，我和他討論過這件事。他表示：「如果你能找到有判斷力的人，我會立刻雇用他們。」

不只是高盛集團如此而已。政治評論員及格林曼托顧問公司（Greenmantle）執行長尼爾・佛格森（Niall Ferguson）告訴我：「在聘用人時要看的重點是好的判斷力。」因此，負責規

劃人才選任過程的人肩負重責大任。在挑選人才的標準中若省略判斷力非常危險，因為幾乎所有企業失敗背後的原因都是判斷不良。

想像一下，選了一個沒有判斷力的新同事。開會前不看文件或會議開始後不聽別人講話的人。一個會錯信他人、在沒有相關知識下採取行動、受到情緒、迷信影響，或最糟會受到偏見影響的人。你準備好雇用這樣的人嗎？我不覺得。和判斷不良的人共事是一場惡夢。他們會拖垮所有其他人、把時間和精力都用在收拾殘局。當然，我們想要許多其他的特質和技能，但具備良好判斷代表這些特質與技能可以被用在打造組織，而不是因為判斷不良而破壞組織發展。

幾年前，我被邀請去觀察一份高度敏感職缺的人才選任過程，判斷力一次都沒有被提到。在應徵條件沒有寫到、與應徵者討論時沒有、面試時沒有，面試官們在進行選擇的討論時也沒有提到。討論都著重在相關經驗，應徵者是否能與重要利害關係人相處融洽。

結果是災難一場。後來發現被錄取者的相關經驗其實並不相關，而他令人愉悅的個性是為了面試被指導創造出的假象。所有的人事後都同意問題在於缺乏判斷力，工作應徵條件或面試時都沒有提到這項特質。

為了要了解判斷在徵選人才時的角色，我與幾位頂尖的獵人頭顧問聊過。我問他們說：「這是他們收到的職缺條件中一項重要特質嗎？」在每個狀況中，答案都是肯定的，其中一人表示：「展現周全的經營判斷」是「最有效的資深管理階層能展現的五項行為之一」。

儘管好的判斷在辨認出及處理挑戰時很重要，但在用人時

18 人才選任的判斷　225

卻很少被視為是重要特質，就算是執行長或那些準備要接任高位者，也不是現任資深管理階層要培養的特質。蘇世民（Steve Schwartzman）在介紹他在黑石集團可能接班人時曾公開提到，而這樣的做法很少見，他說：「我從過去 26 年來學到，約翰‧格雷（Jon Gray）的判斷卓越。」[3] 組織在尋找新的資深員工時，通常也不會將此特質列出。判斷力在面試、面試確認清單、提問指引中都明顯缺席。

為什麼？最常見的原因是能否清楚「指出」判斷力是什麼，並成為結構化人才選任過程的一環。「如果不清楚你在找什麼，在評估時就不太可能會使用到，」我的一位受訪者表示。一間人才招募公司的資深顧問表示，因為大家對良好判斷的定義都不一樣，因此不適合做為正式人才選任過程的一部分。在另一個狀況中，一位人才招募產業的評論員告訴我，人才招募公司不想要討論這件事，因為他們不知道好的判斷是什麼。許多組織和人才招募公司都忽略這點，也不令人意外了。

以上這些都有助於解釋為什麼招募顧問幾乎總是用過往表現紀錄做為判斷的最佳替代品。他們的邏輯是好的過去紀錄顯示出好的判斷，優秀的過去紀錄則顯示判斷優秀。一位頂尖招募顧問則合理化這個論點，他的說法是，他認為未來成功最好的指標就是過往的成功，但在進一步追問下，他也承認自己沒有系統化證據支持這樣的論點。資深主管也強調過往表現紀錄的重要性。

將過去紀錄納入面試過程的一環並沒有問題。這給我們了解應徵者過往表現的重要資訊。但不是只看過去紀錄，尤其因為一切可能都不是表面看起來的樣子。一如我們從自身經驗中所知，成功有好幾種不同方式。有些人做得不錯，因為天時地

利。有些人儘管情況很差，還是表現卓著。這些都是「過去紀錄」。所以不能當作判斷力的替代品，也不足以告訴我們一位應徵者是否能複製他們過去所做到的成績。使用技能（重組、再融資）是一件事；在不同的情境中使用判斷力又是另一件事。

過去紀錄當然可以做為了解判斷力的重要指引，但那並非全貌。一位頂尖的西班牙執行長告訴我，相關經驗必須結合他對那個人的感覺，並評估對方與其他團隊成員的適配性。如果使用到過去經驗，則必須審慎處理。一位負責職位指派的資深人資主管告訴我，她的組織不是看潛在人選過去達成了什麼，而是看是如何達成，藉此辨認出運氣的影響，以及對其他同事成功的貢獻。除此之外，在職缺條件要求外，還有心理學家的報告，提供人選強項與弱點的獨立看法。

做為一個準則，職位越是資深，在做選擇時便要更審慎，工作越複雜，判斷力也越重要。各種原因在在都顯示判斷力應該納入人才選任過程。如果沒有納入，風險是會傳達出這件事不重要，也刪去了幾乎每個組織都表示想要討論的議題。

這代表要從職缺條件就納入判斷力，補足其他條件，而非取代。依照組織狀況不同，判斷中各項要素的相關性也不一樣。對某些職缺來說，傾聽和創造力可能最重要。對於特別強調行動的職缺，可能是知道該相信誰，或了解執行上的可行性。

測驗

市面上有很多標準測驗能評估判斷力，雖然大家對於這些測驗是否實用，尤其是資深職位，看法不一。一位顧問告訴我

人才選任有很多灰色地帶,心理測驗至少有助於減少灰色地帶。一間人才招募公司表示會使用類似測驗檢視相關特質:認知能力、動機、個性、社交參與技能與知識,同時也承認這些特質並不等於判斷力。其他公司則挑出判斷力面向的特質,像是感覺／直覺、察覺／判斷、開放性、複雜問題解決能力等。

此領域某些專業人士則對這類測驗不感興趣,尤其是在呈現職缺的複雜性上。一位顧問認為企業要求做這些測驗只是在逃避,他們知道測驗不適用,但創造了一種客觀的假象。另一位認為測驗已經失去其威信,不再可信。還有一位顧問則擔心這類測驗可能被操弄。

所以只要測驗是用來補足評估應徵者的其他方式,便可做為人才選任過程中辨識判斷力的可能方法。

面試

大家常常批評面談很可能有瑕疵。一位前同事曾經說過,她之所以面試是要雇用「正常」人。我將此解讀為「能相處融洽的人」或甚至是「像我一樣的人」。一位人才招募公司資深主管表示,他認為在沒有將判斷力列為個別要素的狀況下,面試官有信心能看出一個人的判斷力。另一位則表示,他們的客戶對於自己能辨識出判斷力等特質的能力過度自信,但很少人曾受過相關訓練。

儘管如此,面試已成為人才選任過程中幾乎無可避免重要的一環,有很多方法能利用面試評估應徵者的判斷力。最有用的方法是選一個或多個面試官熟悉的主題,透過這些主題評估面試者會如何處理相關議題。另一個方法是維托里奧·科

勞（Vittorio Colao）在擔任沃達豐電信公司（Vodafone）執行長所使用，他不僅要知道應徵者採取了哪些行動、做出了哪些判斷，也試著了解他們沒有採取的行動及沒有做出的判斷。他舉了個例子，他曾問一位行銷專員為什麼採用大爆炸做法（'big bang' approach），而不是時間拉長、漸進式的做法（'drip drip'）。另一種評估判斷的方法是請一群面試者一起討論一個主題，並觀察他們在討論時展現出的判斷力。

以下說明在面試時如何看出判斷的六個要素，同時附上一些參考問題。

▶ 知識與經驗

相關知識與經驗與「過往紀錄」有關，往往被認為是決定該錄用誰最重要的因素。遴選委員會可能會很高興看到應徵者已經做過「一樣」的事，或至少與開出職缺類似的工作。當應徵者試著指出自身過去經驗及應徵職缺之間相似之處時，也可能會鞏固這樣的印象。

這可以理解，但風險是該經驗其實與新職缺並不一樣，或甚至不相關，而且應徵者沒有足夠的彈性將經驗用在新的情境中。相關可能指的是用非常不一樣的東西去做一件盡可能相似的事情。可能代表有卓越的人際技巧，或具備能處理複雜、快速變化情況的能力，而在這類情況中這樣的能力是致勝關鍵。在不同產業中較小規模公司的經驗可能比在同樣產業中大公司的經驗更相關。曾在大型製藥公司服務的人，在一間新創製藥公司或甚至大型能源公司也能表現得一樣好嗎？擅長扭轉局勢的人，能夠應付相對穩定或需要穩定成長的情況嗎？

因此，關於過往經驗的問題可以著重在職缺需要的特定面向，以及應徵者對於類比與相似處的理解：

「你在目前職位參與過轉換到電商的巨大轉變。你到這裡的差異會是什麼？」

「在轉換到數位營運時，你如何補足自身知識上的落差？」

以及經驗與新職缺之間是否相關、如何相關：

「你認為自己的經驗為什麼與這個職缺相關？」

組織在決定是否聘用內部或外部人士時，相關知識與經驗很重要。外部人士的優勢在於其嶄新的觀點與做法、額外的知識與經驗，相較之下，內部人士的風險較低，公司對於內部潛在人選更了解，包括其判斷。一位曾擔任過多間企業執行長且在不同職位都有豐富聘雇經驗的受訪者表示：「組織可能會過度強調表面的經驗。副手可能沒有機會發光發熱，但他們或許能快速讓案子動起來。外部人士可能功勳彪炳，但……很多可能都是自我推銷的結果。」

▶ 覺察

應徵者仔細的準備、討人喜歡的個性、優秀的面試技巧或許能掩蓋缺點及瑕疵，但和對方身處同一空間的好處（在網路上則差了些）是能更清楚了解對方的判斷力。面試過程中也能得到許多資訊，包括應徵者是否讀過並理解職缺條件、應徵者是否理解問題背後的訊息、他們如何回答問題。

由於人都傾向隱藏自身侷限，應徵者的回答也能透露出一些訊息。從一開始的簡報再到後續回答，可藉此了解應徵者是否了解職缺本質、其挑戰、他們處理挑戰的方式：直接的問題可能包括：

「你覺得這份工作最重要的要素是什麼？」
「你通常怎麼決定獲得的資訊可靠？」

▶▶ 信任

你需要知道是否能信任應徵者，如果對於應徵者說的話有任何存疑，交叉驗證應徵者書面或口頭說過的內容是個好方法。但最重要的是他們知道該信任誰。職位越資深，能信任對的人越重要。在考量應徵者的做法時，應該將重點放在他們選擇信任誰、為什麼信任這個人，並提出類似以下問題：

「舉幾個例子說明，在面對艱鉅的判斷時，你如何決定何時要找誰諮詢。」

▶▶ 感受和信念

最好能透過檢視應徵者提供的書面資料以及對於問題的答覆，藉此找出對於特定職缺重要的感受和信念，像是價值觀與對風險的態度。在牽涉判斷時，需要確認這些感受和信念與所要求的特質一致，以及這些感受和信念可能被用來過濾的程度，例如用來排除不利於己的證據。由於要擺脫偏見並不實際，重點是應徵者意識到自身感受和信念的能力，以及在必要

時刻減少感受及信念的能力。可提問的問題可能像是：

「你有意識到自己的偏見嗎？有哪些？舉例說明你在判斷時如何考量到這些偏見的存在。」

而針對風險的提問：

「如果 0 是『我避免所有的風險』，100 是『我準備好冒任何風險』，你會給自己幾分？為什麼？」
「你認為這份工作最大的風險是？」

▶▶ 選擇

值得了解的面向可能包括，應徵者如何面對艱困處境、如何處理團隊中的選擇議題、如何挑戰假設及形塑選擇的框架、拒絕選項的基礎、在壓力下展現出的態度及性情。野村控股公司（Nomura）位於英國的全球福利部門主管藍道・塔耶（Randal Tajer）告訴我他如何詢問應徵者做最終決定的「扣板機時刻」，做為測試對方判斷力的關鍵，包括他們何時決定不要繼續執行下去。問題（而這或許也能看出對方學習的能力）可能是：

「描述你在一個進展順利和一個狀況不佳的不熟悉狀況下，如何做判斷？如果是後者，你應該會做哪些事？」

其他與選擇更直接相關的問題可能是：

「舉例說明你做過的一個選擇，包括何時決定不

要繼續進行下去。」

「舉例說明你必須在資訊不足、收到彼此衝突建議的狀況下所做出的選擇。」

▶ 執行

應該去探究選擇是否且如何轉化為行動，實際發生的為什麼與預期不同。此處要提問的問題或許不只應該將重點放在應徵者執行的實際狀況，也應該去看他們領導同事的能力，尤其是有爭議的政策和大型專案。那些宣稱過去百分之百成功的通常是個警示。此處要提出的問題可能像是：

「舉例說明你難以完成某件事，以及你如何處理。」

以及應徵者採取行動的方式：

「你如何決定怎麼在內部專業知識及引進新人之間取得平衡。那採用顧問呢？」

年度績效評估的判斷

一如人才選任過程，要在已經塞滿問題的現有績效考核框架中加入判斷力，可能太多。和人才選任一樣，答案要視什麼重要而定。時間很短，注意力有限。但任何表示「沒有足夠時間」的言論都顯示判斷不是優先考量。一如人才選任過程，這對績效考核來說令人意外，或許也是個警示。另一個解釋則是

很難改變現有體制。這也令人擔憂。組織是否太過官僚，無法因應改變？

判斷力應該被納入年度績效評量過程的一環，因為納入判斷力能清楚告訴大家公司重視判斷力。如果沒有納入評量，員工可能會一直以為自己的判斷良好，沒有人會反駁或幫助他們改善需要注意的地方。

年度績效評量的時間是很好的機會，能提升大家對於判斷力的注意，被考核者也能知道自己能做些什麼。在討論整體績效表現時提到，相較於特別針對某人不傾聽或有偏見問題而召開的會議，可能比較沒那麼嚇人。這個場合也適合建議改善措施，像是取得特定的額外經驗、選一個能補足某人缺點的新同事、更進一步了解判斷過程。

所以，考評者要如何完成績效考核表單上標示著「判斷力」項目的格子呢？一如其他特質，放太多重點在數字上並不實際——從滿分十分的判斷力項目得到六分，確切是什麼意思並不清楚。眾所皆知，數字也很容易受到操弄，並有誤讀的危險。這不代表應該排除數字，但應該要搭配文字敘述來幫助或鼓勵受評者。考評者在考核過程中也需要指引參考，包括判斷力的定義、評量基準，或許可參考本書提到的框架。

19
企業家與新創公司的判斷

我少不更事,沒有太多判斷力。
　　—— 莎士比亞,《安東尼與克利歐佩特拉》

　　做為一位企業家,我有過良好及差勁判斷的經驗。我曾經創立一個賣書的生意。當時的想法是儘速將書籍送到那些想要快速拿到的人手上,主要是靠開公司來實現這件事。那是比貝佐斯(Jeff Bezos)創辦亞馬遜還要早之前的年代,在網路出現之前,當時提到亞馬遜,不過是位於南美洲的一條巨大河流。理論上這是很棒的想法,但在網路時代誕生之前,實際情況並非如此。公司成立兩年來都撐得很辛苦,但行不通的原因其實在創立幾週內就已經很明顯了 —— 公司不會為快遞服務付出額外費用,當時也沒有辦法找到其他方式降低快速到貨的成本。所以這個想法有風險,但並非欠缺判斷,不過在看到問題後還是繼續經營下去,就是判斷不當了。後來我將公司賣給另一間企業,對方想要我在那兩年間勉強累積的少數客戶,至少後者是好的判斷。

　　過去幾年來,我饒富興趣地觀察過許多其他新創公司,有些是由我的學生所創辦。有幾個人成為億萬富翁;其他人在發

光發熱後燃燒殆盡。有判斷力不保證你會成為億萬富翁，但能幫你活下來並蓬勃發展。具備判斷力絕對能提高你避免走向毀滅殆盡的機會。

但討論到企業家必須具備的特質時，判斷力往往不受重視。想像力與天份、熱情、決心及投入、浪漫的探險家、不顧睿智建言與機率仍執意為之等，這些都是激勵人心的電影所描繪出的。如果伊隆·馬斯克聽了那些存疑長者的話，還會創辦特斯拉嗎？馬克·祖克柏會創辦 Facebook 嗎？喬治·米歇爾（George Mitchell）會成為水力壓裂的先驅嗎？從大學輟學，直接去闖闖。

關於企業家就只需要冒險犯難特質的迷思，根據的都是倖存者偏差（survivor bias）。每出現一個愛迪生，就有數以千計失敗的十九世紀科技先驅。每出現一個比爾·蓋茲，就代表有無數破碎的夢。所以，雖然擁有判斷力並不夠，缺乏判斷力則會增加那些本身就具有風險活動失敗告終的危險。的確，對於企業家來說，判斷的所有要素都有風險。從沒有相關知識與經驗、不知道該相信誰、不知道要察覺什麼，或不知道自身感受和信念（包括風險胃納與風險容忍度）——這些都能為判斷進行過濾。以上所有意味著，計畫可行性的過程及評估都面臨風險。為此更要向那些選擇如此令人興奮但極具風險道路的人致敬。

當然，沒有能保證創業成功公式。許多成功故事都是由一些個人特質，加上幾乎必備的好運所組成。但如果沒有判斷力，你必須有更多好運才能存活下來並蓬勃發展。你沒法全都靠自己，在決定要信任誰來幫你時，判斷力便相當重要。

那為什麼沒有更多關於判斷與企業家的故事？我個人基於與許多企業家合作及積極參與幾間新創公司的觀察是，在成立

企業時判斷力是非常寶貴的特質。這也是任何要朝著創業之路邁進的人，最好都能培養的其中一項特質。不只是因為判斷力能提高創立企業並成長的機會。也因為那些會在財務上或其他方式支持他們的人，也會（說不定無意識地）自問這個問題：「我相信這個人的判斷嗎？」

除了提案的想法，經驗老道的潛在投資人絕對也會將注意力放在那些提案者的可信度上。而可信度往往是關於判斷的所有面向。此人具備相關知識與經驗嗎？他們理解涉及了哪些嗎？我能信任他嗎？其遠見及熱情會讓想法變得更強大並激勵員工，或意味著過度樂觀，導致過度承諾並無視風險存在？關鍵的幾個選擇有多好？這個想法有辦法執行嗎？如果投資人對這類想法不太有興趣，他們很快就不會想再投資。

對於企業家來說，從做出第一個選擇就涉及判斷——決定是否堅持原本的概念或轉向新想法、選擇正確的人、市場地位、如何說服投資人及銀行、找到合適的前提、找到可靠的供應商、至少對管理風險有一些了解。行之有年的組織通常能忽略一個差勁判斷，但對於新創公司來說，如果欠缺判斷的內容對於企業很重要，往往會導致災難性後果。做好判斷能幫助創業者加入那些少數存活下來並蓬勃發展的新創公司行列。

但判斷是否會扼殺新想法倡議？對企業家來說，當只有一個人或少數幾人做決定，不需要一整個委員會參與時，判斷會更容易，組織也更靈活。諮詢過程讓想法能受到測試，並討論其他觀點。沒有討論的機會下，創立公司的個人或小組具備判斷力或能接觸到有判斷力的人就更重要了。

另一個要素是運氣。所有的企業家都需要好運氣。我在圖書業嘗試失敗的幾年後，開始賣頂級葡萄酒。我在偶然之下於

市場最差之際進入該產業，隨著景氣向上循環之際，公司也蓬勃發展。但我並非趁勢投入，純粹是公司創立時碰上好運。另一方面，我和所有人一樣，對於發展不佳的事情往往會怪罪運氣不佳。就像其他人一樣，對於企業家來說，運氣好很棒，但不能仰賴運氣。判斷力才能幫助你處於有利位置。

那些表示判斷力對於新創公司並不必要的人創造了一種假的對立說法 —— 並不是有判斷力就沒有遠見、有判斷力就沒有動物直覺、有判斷力就沒有熱情。成功的企業家會需要所有這些特質，當然也需要好運氣。

以下看看對企業家來說，實際情況中的判斷是什麼：

知識與經驗

創業代表做一件沒有人做過的事，或至少用不同的方式做。很明顯是吧？而這樣全新的事物同時會帶來危險與成功的種子。在運用判斷時，缺乏知識與經驗會產生的問題不只是因為你不知道，還因為你並不知道自己不知道。相較於行之有年的企業面臨資訊過量的問題，這則可能是資訊不足的狀況。就算是從新創公司轉換到成長中企業，也持續需要判斷力來提高成功的機會。身為創辦者的企業家至少會逐漸知道他們有哪些不知道的。

如果你是一位企業家，缺乏知識與經驗會對判斷幾乎所有其他面向造成影響。

- ◆ 在新的領域中，你還不知道哪些重要，哪些可以忽略。
- ◆ 你可能不知道要相信誰、相信什麼，因為還沒有過去紀

錄可以參考。

- 你能否知道某個願景到底是絕佳新想法，或古怪的胡說八道，而且能否管理其中風險？
- 你是否知道在做重大選擇時已涵括所有選項？
- 這將影響你是否注意到將想法轉化為行動的必要條件。

以上傳達的訊息很清楚。如果你不需要具備知識與經驗，找能夠填補部分落差的人是個好主意。倫敦最精明的經營者之一奈傑爾‧拉德爵士（Nigel Rudd）曾寫到他當初起步的方法：「我對這座城市和市場運作所知甚少，我甚至不認識任何股票經理人。但我認識一個人，他知道。」[1]

覺察

我見過的許多成功與失敗創業家中，有些非常擅長溝通。但經我觀察發現，那些花所有時間講話但完全不聆聽的人，更難讓案子推展起步。能滿腹熱情地表達自己最棒的想法當然很好，但你也需要注意他人的反應，尤其是那些你能汲取其經驗的人。的確也有些人不傾聽仍做得風生水起。但這些人是不傾聽卻還是成功，並不是因為不傾聽而成功。不管是面試新同事、了解供應商能提供的服務，或理解市場，覺察的能力都是創業家判斷時不可或缺的一部分。

信任

創業家應該找到可以信賴的人提供建議，這些人能夠補足

其知識上的不足之處。一起討論計畫與專案的人若能給予支持,並誠實分享他們的看法,將非常寶貴。家人和朋友若沒有相關背景及知識,不管多立意良善且熱情,都不是理想的建言來源。專業顧問可能比較適合,但同樣前提是他們具備相關的知識與經驗。

對雙方而言都需要建立信任。創業者需要贏得信任,也需要找到能信任的人。

感受和信念

創業者必須鼓舞並激勵人心。對於一個需要他人分享同樣願景的新事業,自我信念往往也非常重要。「創業家」與「風險」密切相關,但擁有自我信念可能讓人忽視不利於己的資訊、受到偏見蒙蔽,包括冒太多風險。為了讓其他人也感到興奮激動,創業家可能會說服自己,以為自身的感受和信念就是事實。舉個偏見如何運作的實際例子,在這個例子中用的是「確認偏誤」,證據顯示,創業者在應該轉變做法或甚至停止時,會堅持繼續使用失敗的策略,就像我自己創辦的圖書公司例子。[2]

約翰‧穆林思教授(John Mullins)與藍迪‧高米薩教授(Randy Komisar)在其合著關於新創公司的書中舉例說明,創業家該如何重新思考他們最初提出的提案。一如其著作書名所示,這是關於採用方案 B。[3] 甚至是方案 C。他們舉了 Google 商業模型改變所造成影響的例子,Google 在七年間從原來營業額 $20 萬美元及損失 $600 萬,變成營業額達 $60 億、利潤達 $20 億。

熱情與投入是成立任何新公司的關鍵。但創業者必須正確合理地看待。一如穆林思與高米薩所說，必定要從大膽相信開始，同時意識到自己的感受和信念。

選擇

做選擇的方式也需要良好判斷，才能避免新創公司落入不切實際夢想的傷亡行列。新創公司面臨的賭注比更成熟組織還要大，因為光是一個錯誤判斷就可能造成嚴重甚至致命的結果，不管是貸款給無法還款的重要客戶、選擇一個無法執行案子的供應商，或在某輪融資階段仰賴一個無法提供承諾資金的資金提供者。了解會危及什麼、所冒的風險都有助於做出更周全的選擇。

假設這對創業者是一個新領域，也會影響判斷的其他要素，則缺乏經驗可能會更難以形塑選擇的框架。當別人問我創立公司的建議時，我非常明白這一點。既然我不太可能瞭解該領域，我能幫到最多忙的地方就是確保這位未來的創業家問對了問題，包括用正確的方式形塑選擇的框架。就資金來說，可能不只是資金來源，還包括結構性融資的方式、可提供資金的工具、選擇其他選項對於公司營運與治理上的影響。

但做選擇時最重要的問題可能是要冒多少風險。此處的「不合適」可能代表不願意冒必要風險，以及過度樂觀。例如許多新創公司因為急著找到第一批顧客，因此把價格訂得太低，而不是訂出市場能承受的價格。

執行

我的朋友內維爾・亞伯拉罕（Neville Abraham）開了許多間餐廳，我問他對於那些想要開餐廳的人有什麼建議，他回答道：「大部分來找我的人想法都很棒。但都還沒想過地點及定價。經營餐廳需要傑出的執行能力。對，要有很棒的想法。但如果你沒有很棒的想法，但執行力優秀，你還是可以擁有一間很棒的餐廳。」

做為一位創業人士，你在考量所有要素下指派創業初期重要人選時，最好選擇能補足你強項與弱點的人。包括判斷力及其他你在乎特質的強項與弱點。最明顯的是尋找能補足你所欠缺知識與經驗的人。但也要考量其他面向。沒有耐性傾聽？找其他能做到的人。更擅於推銷而非執行想法？找一個熱衷落實想法的人。容易冒險又過度樂觀？找一個人不會過度冒險的人選。

20

公營與非營利組織的判斷

> 愚人才會爭辯政府的形式。管理得最好的就是最佳政府。
> ——英國詩人，亞歷山大·波普（Alexander Pope）

在許多公營及非營利事業的組織中，判斷力受到高度重視，勝過營利事業；被認為是高階職位者的一項重要特質。烏莎·普拉莎女男爵（Baroness Ushar Prashar）曾擔任過英國一些最資深的政府職位，她告訴我在評估應徵者時，判斷力是其中一項關鍵個人特質。這樣的看法不僅限於英國，我曾聽過其他國家官員也表達過同樣看法。

然而，一如私部門，判斷力往往沒有被明確定義。我在英國財政部為其他官員做年度績效評核時，判斷力便被納入績效評量中。然而，我記得當時對於要如何為同事評分感到很困惑，因為沒有給我判斷力的定義，當我提出疑問時，對於判斷力的定義似乎有很多種不同解讀。

判斷框架的要素中，許多面向都和在私部門相似。當然有不同之處，不只是主動負責（ownership）而已。例如私部門的產業主要受到市場不確定影響，有時候還會面臨政治上的不確定，而公部門及非營利組織產業則主要受到政治不確定性影

響,有時候受到額外市場不確定性影響。

在判斷中,公私部門最明顯不同的兩項要素一個與感受和信念相關,另一項與選擇有關。

感受和信念

我訪問一位前歐盟執委會委員,詢問對方當優先順序由政治人物決定的狀況下服務如何運作,在這點與私部門的差異。她告訴我因為政治即是關於信念,在不確定的狀況下做選擇時,參考的指引是該政治人物被選出時的政見內容,而不是基於事實計算不同選項和對於風險的評估。她承認避免偏見是做出良好判斷的關鍵要素,但表示:「政治代表一種偏好某個立場的系統性偏見。我們無需感到抱歉,政治本身就是一種偏見。」

這種往往以意識形態呈現的系統性偏見,在判斷過程中會進行過濾。公共服務是基於信念的基礎提供,而這些信念則形成政策的基礎(「全民健康醫療服務,看病不用錢」;「終結老年貧窮」),也是經費分配及立法的基礎。

想競選公職的政客通常在吸引選民時會明確表示其信念(「讓美國再次偉大」)。對於那些在政治上比較不想以信念做為驅動手段的人,這點或許會令人感到遺憾。史蒂芬・平克在其作品《理性》(Rationality)一書中表示:「如果能看到人們因為承認自身信念的不確定之處、質問隸屬政黨的教條、當事實改變時也改變想法而獲得稱讚,而非堅守自己的黨派教條,這樣會很好。」[1] 但政治上的優先順序並非一定就代表忽略事實,或以憤世嫉俗的態度追求權力。信念同樣可以用於原則立

場（支持烏克蘭獨立）或反映選民想要的（「成為戰場歸來英雄能安適之地」）。

在許多國家，公家單位的職位派任都有政治考量。所以當政黨輪替時，在這些單位當家的人也會改變。這和運用判斷有關，因為政治任命者的目的是執行執政黨的政策，在做選擇時形成內建執行這些信念的機制。會偏好這樣做的原因很清楚，尤其是擔心終身職官員可能妨礙政策的執行。就判斷而言，危險之處在於潛在選項可能會因為政治考量而被排除。同樣那些終身職的官員可能也會淡化執行上的困難，因為他們怕自己看起來在蓄意阻撓。

在溝通政策時，通常會出現感受和信念的過濾過程。往往會過濾特定政策的資訊，只引用支持的證據，忽略或排除不利於己方的事實、呈現相反證據的數據。通常會選擇性使用資訊來源，強調那些支持政策的人，也常常看到反對立場往往被視為是偏見而不予考慮。當做出選擇時，用來過濾證據的政治要素很可能會影響一個選擇如何被形塑、考慮的選項、選擇做出的方式。

例如公共健康醫療服務中媒體的角色。許多國家的服務都面臨壓力，包括人口高齡化、越來越複雜精密治療的成本等綜合因素。政府通常會在媒體新聞稿中宣稱（也可理解）每年為健康醫療撥出的經費越來越多。向媒體大力宣傳新開設的機構院所，展示經費如何落實。與此同時，對立陣營則（也相當公正地）宣稱還需要提供更多服務，其新聞稿中往往著重在其他國家花費的經額更低，或特定團體被不當對待。個人不必要的苦痛或甚至死亡事件則被做為證據，吸引媒體注意。有鑑於媒體在大眾對健康醫療服務觀感上扮演了關鍵角色，決定的優先

順序可能是基於媒體更關注的領域，比如醫院病床數，而不是老年醫學等媒體比較沒有興趣的領域。

選擇

判斷框架中另一個與私部門相當不同的要素是選擇。例子如下：

- **績效表現評量方式**。和私部門在績效表現上不同的一點是比較重點是目標，而不是競爭對手。另一個和私部門不同的是對於績效成果的重點不在財務上的表現。會討論到教育品質、健康結果、社會照護的提供狀況等。相較於私部門著重在財務上的評量，有更細微的不同。根據非財務因素做出的選擇同樣也比較不直截了當，因為其比較的目標往往複雜且模糊。我訪問的許多人告訴我，正因為如此，公部門與非營利產業很重視判斷，藉此解讀權衡取捨、平衡不同團體的利益。

- **選擇上的限制**。相較於私部門，公部門的選擇限制通常更廣泛繁多。首先，判斷力或許會被用在解讀哪些有可能，並且在法律、法規、其他規範框架下完成任務。公務員被問到為什麼不處理某個問題時，常常表示他們運用判斷的能力受到規範所限制。這類限制包括要求不同政府部門遵循同樣標準。此處可能不只是遵守法律與規定，可能還包括前例。因此，判斷可能受到高度限制。的確，「官僚」的存在便是要確保判斷的某些要素不會受到法律規章規範外的某人使用，或至少受到阻擋。這

可能會引發緊張情況，例如當資源有限，無法落實法律上的要求。

◆ **相較於私部門，在許多面向上都會面臨更多選擇上的限制**。例如在資金籌措上，私部門的某項活動若有多餘經費，很容易就能轉換到另一個需要額外經費的活動。公部門及非營利產業通常無法這樣做，因為經費是撥給特定目的，無法再重新分配。

◆ **公部門單位在運作時的選擇也可能遇到特定限制**。例如可能被要求使用本國或在地供應商，就算來自其他地區的供應商更便宜或品質更好。被要求雇用本國人，而非找到最適合的國際人選也很常見。

◆ **相較於私部門，公部門因為更強調當責，選擇上的限制也因此更多**。不只是規範或法規上的限制。在私人企業中，根據直覺做出判斷不只被接受，還可能受到歡迎（「憑直覺走」），大部分公部門及非營利組織則不能接受這種做法。這是因為公家機關必須依循一套流程做法，做出的判斷都必須透明公開。

◆ **當責的角色**。一般來說，公部門單位做出的選擇會受到公眾檢視，通常是由立法機關代表納稅人進行問責的工作。因此，公部門做的選擇必須與透明性的要求做出平衡，任何牽涉公帑的事物都可能受到全民徹底檢視。相較之下，私人企業做的重大選擇通常不會公開，因為這樣做會導致商業機密資訊被公開。

◆ **風險的角色**。基於當責，若要符合透明度的要求，可能也需要文件紀錄做為支持。透明度與當責的需求對於風險管理會造成特定影響。在許多公部門及非營利機構，

相較於把事情搞砸所面對的可怕後果，把事情做對的獎勵要低得多。結果導致公部門比私部門更強調風險規避——那些只在私人企業工作過並嘲諷政府官員太過謹慎的人，往往不理解這點。同樣的考量也適用於稍微不同的執照規管行業，此行業更強調具備好的判斷，以便在社區需求及組織需求間維持適當平衡。

以上這些與私部門不同的差異綜合起來，導致公部門與非營利組織在判斷時的選擇這一塊需要取得非常不一樣的平衡。因此，已經習慣私人企業相較作風自由的人，要轉換到公家機關或非營利組織時可能會覺得困難。

「政治判斷」一詞又如何適用？媒體上往往能找到參考，通常是關於一個政策，比如新服務、減稅、擴大支出、內閣變動，是否能獲得選民認同。政治判斷中的某些要素和本書前面所描述的一樣，像是傾聽選民、知道該相信誰等等。但使用政治判斷一詞時，往往是用來形容很不一樣的東西，通常指的是獲得並持續握有權力。勝選的政治人物會因為能掌握選民情緒、打好選戰，或有效傳達訊息而被稱讚具備政治判斷。我們必須認清「政治判斷」與政治中的判斷，非常不同。

21

首次專案的判斷

神呀,當祢讓祢的奴僕投入任何奮鬥努力,請讓我們知道這並非開始而已,而是持續同樣努力,直到最終取得真正的榮耀。

── 英國探險家和航海家,法蘭西斯‧德瑞克爵士（Sir Francis Drake）

判斷框架能幫助我們執行首次專案的巨大挑戰,不管是在尚比亞的企業重組、西班牙札拉戈沙（Zaragoza）的新電腦軟體或克羅埃西亞札格雷布（Zagreb）的全新辦公大樓。隨著這類專案越來越創新、規模或複雜度提升,涉及的風險也隨之增加。最後往往導致成本超支又超時。當問題大到會影響組織的現金流時,將可能危及組織存續。

這樣的狀況就發生在好萊塢的聯藝電影（United Artists）。在其電影《越戰獵鹿人》（The Deer Hunter）大獲成功後,麥可‧西米諾（Michael Cimino）被找去拍攝史詩西部片《天堂之門》（Heaven's Gate）,拍攝預算為 750 萬美元。最終耗資達 4,400 萬,絕對是如史詩般鉅額（包括花了 90 萬美元在一段一分三十秒的片段）,而最終 350 萬美元的票房收益導致聯藝電影

破產。[1]

檢視幾乎任何這類案子，你會知道（或如果你曾參與，也會有親身經驗）為什麼這個領域很容易出現判斷欠佳的狀況。就算是在常常被認為管理相當有效率的德國，近年來也出現過驚人大出包的狀況，包括柏林布蘭登堡機場（Berlin Brandenburg airport）與斯圖加特火車站（Stuttgart railway station）嚴重成本超支及工程延宕的事件。這兩起工程的爛攤子都由納稅人買單，世界各地類似的公共建設案子也都是如此。私人企業通常無法進行緊急紓困，因此管理風險非常重要，尤其是首次執行的龐大案子。

其中一例是空中巴士。當空中巴士公司宣布現有訂單完成後將停產 A380 超級巨無霸客機（Superjumbo）後，僅接到 250 架飛機訂單，而原本預估的數量則是 1,500 架。2000 年，公司終於做出開發 A380 的決定，而首次討論這項計畫則是在 1980 年代。當時的假設是基於航空公司會採用「輻射式模型」，而非「點對點」的飛行方式，需要的飛機越大越好。這類飛機需要四引擎，但在接下來數年間，隨著航程效率大幅改善下，雙引擎飛機也能夠完成飛行。因此，與波音的雙引擎夢幻客機比較下，A380 耗油的四引擎設計便顯得相對劣勢。在投入 200 億元後，許多組織若遇到訂單下滑將會面臨災難一場，但空巴利用新科技發展其他機型，藉此管理風險。

能準時在預算內交付首次執行的案子是非常大的成就。根據預期哪些部分可能出錯的證據，判斷框架在每個階段都能提供幫助。傳以斌（Bent Flyvbjerg）是研究這類專案為何會出包的專家，他解釋道，規劃專案的人傾向將每一個新的冒險事業視為是獨特的。[2] 但他指出，這些有風險的活動通常比管理者

以為的還要相似，就算是表面上可能看起來天差地遠，彼此間沒什麼可以學習的活動。他舉地鐵和歌劇院為例。類似的案子就成本超支的可能性及規模來說，或許（而且通常）可被預期，而學到的經驗可與其他類似案子集結起來，用來預測結果。

現在來看看能如何將判斷力運用在框架中的各項要素上。

知識與經驗

正因為沒有經驗也因此沒有相關知識，導致第一次執行專案時出錯。不只是因為我們不知道。還因為我們不知道自己哪裡不知道。

缺乏知識與經驗導致的常見問題涵括了判斷的所有面向，包括：

- 隨專案進展，規格或詳細計畫內容改變。
- 仰賴創新因素能圓滿並即時解決，尤其是技術上因子。
- 因關係不佳導致組織內參與專案的關鍵人員之間、關鍵人員與承包單位人員間、承包商員工與再承包單位人員間彼此溝通不良。
- 專案預估容易受到偏見影響，尤其是過度樂觀的因素。
- 承包商低價標下案子並仰賴修改合約來獲利的風險。

與判斷力相關的面向如下。

覺察

首先是意識到涉及的風險，但缺乏通常會有的知識與經驗

來做出周全的選擇。例如容易受到訓練人員短缺、技術問題或匯率浮動的影響。

對那些參與評估專案的人來說，風險胃納或風險容忍度會是感受和信念很重要的一部分，藉此選擇是否要繼續進行，包括考量執行上的風險。他們必須意識到自己的風險胃納或風險容忍度，以便問對問題，並在資訊充足的基礎上做出選擇。

理解專案可能較弱的部分，包括意識到從計劃到執行的潛在陷阱有瑕疵或甚至遺漏的假設。覺察也需要納入評估過程可能會受到那些提案者熱切推動案子影響的可能，以及「不利」因素可能會被忽略。經濟評論員提姆·哈福德指出「過度承諾的嚴重問題」。[3] 當我們想像一個案子將如何開展，並以此基礎進行規劃，沒有花太多時間思考哪裡可能會出錯，因為我們沒有檢視過去類似案件的證據，便會陷入規劃謬誤。[4] 詢問哪些沒有被討論到的，像是緊急應變、可利用資源、財務上的影響，可以從以上這些改善其中判斷。

信任

了解到信任的重要性很關鍵，原因有幾點。像是能否信任那些推動專案的人所提供的資訊。或許他們的過去紀錄顯示，他們只會推動自己已廣泛盡責查證過的專案。對於首次執行專案更常見的狀況是，他們過去沒有做過類似專案的經驗，所以他們不知道自己哪裡不知道。可能會出現一直以來系統性過度樂觀的狀況，或隱瞞不利資訊以便讓案子核准通過的狀況。一位工頭向我承認，他的住家翻新裝潢工作之所以如此成功是因為他用低價標案，提供固定成本的合約。他非常了解隨著工程

進行,一旦乾腐、有問題的土壤結構或其他「非預期」問題被「發現」,會需要進行額外的工作。客戶沒什麼其他選擇,也只能繼續進行,因為到那個階段頭都洗下去了。

還需要建立重要關係中彼此的信任,包括團隊內部處理專案的人。舉個做的很好的例子:零售商瑪莎百貨(Marks & Spencer)。該公司長期與一間建設公司(Bovis)合作建造及翻新店面。因為兩間公司彼此間高度信任,工程合約都沒有進行對外投標,原則是建設公司會盡全力以最有效率的方式完成要求規格,並以此獲得合理報酬。成本資訊全面透明,進一步鞏固彼此關係。雙方基於合作關係建立互信,而非一間公司犧牲另一間公司利益的敵對關係。

感受和信念

首次執行專案往往會引發許多情緒。負責專案的一方幾乎要花上數月、甚至數年才能將案子送交核准。所以,那些提案者對於專案非常投入,對於一路以來一起合作的團隊成員也相當忠誠,個人對專案產生認同感,會出現這樣的狀況也不令人意外。這樣的投入可以理解 —— 這類大案子可能是其職涯中出現過、或即將出現的最大規模專案。

意識到牽涉的情緒有助於判斷過程,而特別值得注意的偏見就是過度樂觀。團隊成員可能會對問題一帶而過,只專注在案子的進展會多棒。在做選擇時,可能會基於過度樂觀的假設,包括對於財務、其他資源規劃出不恰當的應急措施。

隨著讓計畫啟動投入所需一切規劃,團隊成員或許也會害怕計畫可能無法執行,努力都因此白費。在推動首次執行專案

獲得核准的過程中，可能也會受到恐懼影響，同時也會出現正向感受及情緒。當不願承認事情出了錯，這類情緒可能會影響執行狀況。在倫敦橫貫鐵路的例子中，英國國家審計署表示：「就算在壓力加劇的情況下，橫貫鐵路仍不切實際地堅持能依照原初時程表完成計畫，造成了嚴重後果。在案子進行的過程中，有數次做出的選擇明顯損害大眾利益。」5

選擇

這個時刻終於到來：每個人都在等待的會議。案子會獲得核准嗎？我們再次從一定要拿出來討論的假設開始。這不只是關於我們提出的潛在議題（已知的未知因素），也是關於我們不知道的議題（未知的未知因素）。判斷代表確認規劃案子的人在尋求核准或甚至只是要讓案子進到下一階段時，已揭露所有相關選項並清楚說明其中涉及的風險。

我曾經聽過某位石油公司執行長被問到關於油田執行面的基本假設時，對相關考量輕描淡寫帶過。「這太難預測了，」他表示。「就看著辦。」不用說，這項計畫最終成本遠遠超支，案子因為石油價格（非預期內）攀升而幸運躲過一劫。可惜我們不能仰賴這類運氣來拯救我們。

幾乎所有計畫都有難以預估的面向。這就是為什麼在著重準備工作外，還需要應變計畫。必須要求規劃應變計畫，並就一定程度上透明公開。

在做選擇的階段，所有那些「推銷」案子時已提過的問題都會一起出現。不管是新建築的承重牆、新 AI 應用程式中各系統的相容性、推出新產品所需的法規核可或適當的應變措

施,在緊要關頭的關鍵會議上,所有參與的人都必須說清楚其中涉及的機會與風險,包括當事情出錯時,誰要擔負剩餘風險。

執行

然後就到了執行的重要時刻。會出現的問題和執行相關的一般問題類似,但會因為缺乏經驗與專業知識而變得更嚴重。一旦確認執行,在興奮的熱頭上很容易就傾向「繼續照著計畫走」。但就算在這個階段,還是能從其他案子的經驗學習。數十年前,有一份關於國防合約超時超支原因的報告被發表出來,這份報告關於專案的看法至今仍適用,這份報告認為,做為準則,預算的 15% 應用於動工前的細節規格及規劃。這部分支出的重要性在於確認做到一半的設備不會需要再砸大錢修改。

對於複雜執行過程的準備工作要像規劃及做選擇時一樣小心謹慎。在執行的階段,合作各方的弱點會浮現。例如,可能是執行案子的人沒有參與規劃過程。如果是這樣,要避免這些人將其認為在規劃及核准階段明顯的弱點做為合理化的藉口,要求調整規格或甚至做為表現不佳的藉口。在工作還沒開始、大筆金額投入前,需點出任何有異議之處並將問題解決。

許多首次執行案子都會出現如何在速度與成本間取得平衡的問題,因為往往只能在預算超支下讓速度超前(包括補回損失的時間)。在此,風險同樣是一項要素。

對於為什麼只有在執行過程時會發現問題,背後可能有其原因,像是很注意合約修改的承包商,一直等到工程都開始了

才指出其中瑕疵，但事實上承包商從頭到尾都清楚知道合約中的瑕疵。其中有些問題可以處理，像是確保合約修改受到嚴謹控制。某間大型化學公司的執行長便從經驗中學習，他受夠了工程師在建造廠房時不斷進行修改，因此表示新廠房任何修改都需經過他個人批准。沒有人敢去問他。最終廠房在時間與預算內完成，這是該公司成立六十年來首次創舉。

第五部

要點全覽

如何將想法付諸實踐

〈前言〉概要

- 找出你的強項與弱點,包括個人偏見,藉此決定如何使用你的長處並減少你的弱點。
- 在判斷過程的所有階段都納入風險分析。
- 挑選同事時將判斷力列為其中一項特質。做為人才選任、績效評估、晉升條件的一個明確標準,並清楚定義。
- 依據本書內容,透過與該不足之處相關的方法,像是獲得更多經驗、向同事學習、訓練、導師制度、輔導等,補足你自身判斷力的不足及問題。
- 創造一個鼓勵反饋、接納多元看法、能安全提出異議、可以挑戰假設、能追蹤並採納反饋意見的環境。
- 組成團隊時,找能提供與議題及團隊相關多元性的成員加入,對方要和你擁有相同的價值觀,而非和你一樣的偏見。
- 可以時要善用 AI 的力量,尤其是在做選擇與執行的時候。

更進一步的細節如下。針對判斷中的風險、速度、直覺、多元性、團體等要素,第十章至第十四章詳細說明要採取的相關行動。第十五章至第二十一章則針對判斷力在領導力、專業

工作、董事會、人才選任、創業／新創公司、公營／非營利組織、首次執行專案等的應用做了詳細解說。

〈知識與經驗〉概要

- 固定與你信任的人檢視自己的判斷哪裡出了錯,哪裡又做對了(及原因)。
- 透過評鑑及績效評估找到知識與經驗尚不足之處,並採取行動彌補缺漏之處。
- 主動拓展你和同事的經驗,例如透過借調、學習其他企業文化等。
- 除了向同事學習,也考慮透過訓練、導師制度或輔導的方式,補足個人在知識與經驗尚不足之處。
- 確保你的資訊適用於你必須做出的判斷。
- 視情境使用類比、借代、概化的方法,但不要用來合理化現有或先入為主的看法。
- 使用比較的方法質疑假設並凸顯差異,而不是用來妄下結論。要注意情感上的類比,尤其是和之前的景氣循環或軍事活動做比較。

〈覺察〉概要

- 了解個人覺察的能力,尤其是自己觀察的技巧。做法是:
  - 透過觀察自己、從個人過去經驗學習,看是否能從同事獲得更多反饋。
  - 透過觀察技巧、面試訓練、績效檢視、360 度回饋的

訓練,或透過教練及導師的協助,改善個人覺察力。
- 考量肢體語言,但做結論時要審慎,尤其是第一印象、來自其他文化者的肢體語言。
- 與他人確認你自己的看法,尤其是對於其他人的觀點。
◆ 在使用個人觀察技巧時,注意:
- 你所看到、聽到、讀到的與之前幾年、過去經驗和其他發展狀況是否一致。
- 在團體中,你是否注意到團體的動力狀態。
- 你形成對他人看法的能力(社會知覺)。
- 你是否得到超過一個面向的論述,你是否願意傾聽他人或是否願意閱讀你可能不同意的素材內容。
◆ 練習積極傾聽,包括向說話者展現你正在傾聽、對沒有說出的話做出回應、不打斷(包括透過肢體語言)或不要太快作結收尾。確認你是否理解,尤其是在傾聽時。
◆ 對於資訊:
- 探究說出的話或寫出的內容是否有落差或不一致之處,如果有這類情況,原因又是什麼。
- 確認做判斷時為什麼無法取得缺漏的重要證據。是真的無法取得?因為沒有人問?或沒有時間取得?
- 了解你個人的過濾器,包括偏見、防衛、敵對情緒、對風險的看法、只仰賴自己所知。
◆ 確認你對不熟悉的文化、環境、組織的解讀。對其中差異保持敏感。

〈信任〉概要

- 要清楚你是否能相信你能對自己誠實。
- 選擇讓身邊圍繞著能勇敢面對你並告訴你真相的同事。
- 如果不確定是否能信任某人,則對你的問題進一步要求實質答案、檢視他們的過往紀錄(像是預測),可以的話,測試對方提供的建議,包括與獨立來源進行交叉比對。
- 可能的話,在需要之前就找出可信賴的顧問。在做這件事的同時,檢視你過去挑選可信任對象的紀錄並思考:
  - 你為什麼相信他們、你是否了解對方感受和信念的基礎,包括他們的價值觀。
  - 他們是否真的了解議題,他們是否知道自己哪裡不知道。
  - 他們的過去紀錄與聲譽,進行查證,可以的話則透過獨立來源查證。
  - 你是否了解他們給你特定建議的原因,他們是否把你的利益放在心上。
  - 你是不是因為他們會說你想聽的話,因此尋求對方的建議。
- 考慮與數據相關的相同因素。在決定信賴前,要確保你對資訊來源有充足理解,包括資訊搜集過程是否健全,品質是否受到證實。需要的話,向其他可信賴的來源證實,包括使用能發現操弄或謊言的技術。
- 為了避免誤解或信任遭濫用,要採取合適的做法,包括避免過度仰賴單一個人。對於你委任的對象,要提供明確的指引。

〈感受和信念〉概要

- 找出你自己、你共事或應對對象的偏見以便進行管理，例如在績效評估或考核時指出這些偏見，或在討論時公開提到。
- 注意你的情緒可能引發哪些反應。利用訓練或輔導的方式，更加注意到這些情緒以及你的感受和信念的其他面向。
- 在進行集體判斷時，注意到團體中的感受和信念，尤其是團體迷思這類的偏見。當這些感受和信念可能導致判斷不良時，採取具體步驟因應，例如採用反方代表的做法。
- 在創造一個能針對感受和信念提出異議的安全環境時，要確保大家能自由表達，不會受到位階影響。
- 需要的時候採用規則或流程，避免出現偏見的風險，確保考量到相關選項，並增加個人當責。
- 就算你認為你意識到自己的偏見，也要確保你所信賴的人能針對這些偏見給你反饋，不怕告訴你真相。
- 如果你覺得自己沒有偏見，確認當事實或狀況改變時，你的看法是否也會反映出這些改變。
- 清楚說明你的價值觀，確保這些價值觀也被納入判斷過程中。
- 留意他人或資訊中是否存在動機性推論，並區分「堅持信念」與「偏見」之間的差異。
- 找出並清楚說明風險容忍度或風險胃納，尤其是風險容忍度與風險胃納在團體中的意涵。

〈選擇〉概要

- 確認你在做決定時心態正確。精疲力盡、疾病、壓力、強烈情緒（像是憤怒或恐懼）都會增加做出錯誤判斷的風險。
- 確認形塑選擇框架的方式，找出其中的錯誤、偏見或省略之處。在檢查時，找出哪些資訊沒有時間搜集，並思考等待的風險。
- 以持疑心態並透過批判性的方式整理、評估證據。
- 在搜集做選擇的資訊時：
  - 注意資訊呈現的方式，以及這樣的呈現方式將如何影響做出的選擇。
  - 要求以對你有幫助的形式提供所需資訊，例如針對長篇文件提供清楚摘要、聚焦在重點議題上。
- 確認是否提供正確的選項數量，尤其如果是全新、高度不確定或高風險的選擇：
  - 只呈現一個選項（或只有一個能夠被接受），要確認其他選項被刪除的原因。
  - 看看是否應加入更多選項，就算只是試辦方案。
- 找出關鍵假設、模型中不同變項權重（包括如「黑盒子」般的 AI 應用程式）、用來獲得結論的樣本。
- 確立現有選項中涉及的權衡取捨。
- 至於諮詢的部分，了解是否已經找過「相關他人」，比如同事和組織，進行諮詢。
- 在考量風險時：
  - 確認選擇過程中納入風險分析，尤其是重大或首次進

如何將想法付諸實踐

行的活動、過程或專案。
　□ 釐清自己的風險容忍度或風險胃納，並思考團隊風險胃納的平衡。
◆ 檢視假設（包括應變措施）和證據品質，並了解預測就是搭配機率的估計。進一步要求釐清機率的基礎、信心程度和「或許」、「可能」等模糊字詞。
◆ 檢視任何比較基準的相關性。如果沒有任何比較基準，檢視其原因，如果可能很重要，則進一步要求提供。
◆ 尋找改善討論選項的方法，像是：
　□ 召開會前會，釐清議題。
　□ 思考誰在何時進行干預。
　□ 找到探究分析內容的最佳方法。
　□ 鼓勵大家發言，不要讓聲音大的人主導。
　□ 坦誠公開個人目的。
　□ 允許多元選項存在的空間，就算選項有時比較極端。
◆ 承認運氣扮演的角色（及可能需要仰賴運氣的狀況）。
◆ 了解到：
　□ 憑感覺及使用直覺時風險會增加，使用相關經驗的風險則減少。
　□ 速度要視情境而定：速度快和速度慢本身並無好壞。
◆ 如果迫於壓力要做出選擇，先確認限制（例如截止期限）是否是人為導致。
◆ 如果需要提供紀錄，則用文件紀錄下過程（例如要提供監管單位，或未來提供同事參考），尤其如果選擇具爭議性。
◆ 透過以下測試一個選擇帶給你的「感覺」：

- 如果選擇對立的選項,你的感覺會如何。
- 自問:「我準備好向同事、資深管理階層或公開捍衛我的選擇嗎?」

〈執行〉概要

◆ 弄清楚執行假設的實際狀況,包括有多少關鍵人員及資金、過去紀錄、參與其中人員的經驗、對可行性及風險的理解。

◆ 注意魔法思維的危險性:在沒有資源的狀況下決定做某件事。

◆ 找出任何個人、組織或法律上反對執行的立場,清楚說明你將如何克服這些狀況。

◆ 有鑑於執行的實際層面,如果需要質疑早先提出的假設,則使用反饋迴路的方式進行檢視。

◆ 對於執行上特別困難的首次、一次性專案,要特別小心處理。尤其要避免想在專案動工後解決重大執行層面問題。

◆ 增選同事,在合適的時候增選其他利害關係人一起投入執行的工作。

◆ 在必要時減少執行上的風險,像是透過「5P法」其中任一步驟 —— 停下來思考、部分執行、試辦、採行試用期或事前驗屍檢討法。

◆ 檢視證據與意涵,包括提議執行速度可能牽涉的風險、是否非常重要、停下來等待更多資訊或思考是否為明智之舉。對於執行時速度與成本間任何權衡取捨,要說明清楚。

◆ 既然不太可能一切都照著計畫走,要預期需要採取必要的回應或追蹤。考慮在排程中增加彈性或退路。

判斷力常見十大問答

1. 判斷力可以學習嗎？
2. 判斷力會隨著時間變得更好還是更差？
3. 判斷快或判斷慢，哪種更好？
4. 在判斷時應該靠直覺或憑感覺走嗎？
5. 判斷力是關於規避風險嗎？
6. 女性的判斷力比男性更好嗎？
7. 個人感受和信念，包括價值觀和偏見呢？
8. 成功了就代表你做出好判斷嗎？
9. 世界各地的判斷力都一樣嗎？
10. 判斷力在某些角色中比其他角色更重要嗎？

判斷力可以學習嗎？

是的。判斷力可以透過學習獲得，不管你是誰、你已經知道多少、你一開始並沒有太多判斷力。的確，這是本書的假設。判斷力會隨著經驗而增加，透過自己的努力也能提升判斷力。我們可能一開始就擁有能讓判斷更容易的特質 —— 傾聽的能力、自覺、對其他人有更深入的理解。這些都能進一步提升。我們一開始具備的特質也可能會影響判斷 —— 容易忽略他人、堅持規則而不顧情境、匆促行事或很難下定決心。這些

都能改善。越理解我們的長處與弱點，就能專注在自己的弱點（像是自己沒有意識到的偏見），並加強我們的長處（像是相關知識）。

判斷力會隨著時間變得更好還是更差？

兩者都可能。因為好的判斷其中一個關鍵要素是相關經驗，隨著我們經驗增加、訓練、向同事學習、接受導師及輔導協助，判斷力應該也會提升。但如果過度自信或自負，判斷力不見得會提升。如果人因循守舊，則擁有的知識會變得過時，或如果他們的觀點沒有更新或受到挑戰，判斷力可能會變得更差。對於那些能避免這類傾向，確保能獲得真實回饋，而非讓自己身邊圍繞不會挑戰他們的人，並鼓勵共事的人擁有多元觀點，這類人的判斷則不會變差。

判斷快或判斷慢，哪種更好？

此領域的權威人士對於快點做判斷或慢點做判斷，意見相當分歧。在思考是否要快速進行或放慢腳步時，要問以下兩個問題：

- ◆ 可以等嗎？
- ◆ 這件事重要嗎？

如果事情不能等又很重要，則沒有選擇，例如個人醫療健康上的緊急狀況 —— 現在就做。

如果可以等且不重要（得到最新款式手機，而你現在的手

機也還能用），則以你認為該情況最適合的速度進行。

如果事情可以等且重要，關於速度的選擇上，最重要的是評估及管理風險：

- 越重要則速度的風險越高。
- 如果不熟悉該情況，則快速進行會有風險 —— 事情越不熟悉，速度帶來的風險越大。
- 你過去快速做判斷的表現越差，則現在倉促進行的風險也越大。

多花點時間取得更多資訊，或與更多人諮詢，通常能降低風險。因拖延而遲遲不做某件事可能會增加風險，但非必然。但一如與判斷相關的所有事，情境最重要，速度與延遲引發的相對風險必須視情境而定。

第十一章有更多關於做選擇時速度的討論。

在判斷時應該靠直覺或憑感覺走嗎？

思考是否靠直覺走之前，要自問兩個問題：

- 對於我要做的事情是否須取得證據？
- 這件事重要嗎？

如果須取得證據（提供同事、監管機構參考，或依據法律規定），直覺或憑感覺就不足以做為判斷的基準。「我覺得這樣是對的」無法被放大仔細檢視，也無法做為足夠的解釋。

如果不需要有證據，結果也不重要（「新車我決定選銀色，而不是黑色的」），你可以照自己的感覺走，依情況而定

選擇根據合適的分析及直覺做決定。

如果不需要提供證據，結果又很重要，則使用直覺就與風險評估與管理有關：

- 越重要，則使用直覺的風險越高。
- 對情況越不熟悉，使用直覺的風險越高。
- 你過去使用直覺做判斷的紀錄越差，則使用直覺的風險越高。

但一如與判斷相關的許多事，情境最重要。使用與不使用直覺間相對的風險，必須放在特定情境中衡量。

當我們第一次見到某人，常出現的問題是我們是否應該「傾聽」直覺或憑感覺，例如面對可能的新同事或顧客。可以，但有風險。狀態最佳的時候，我們可以利用多年累積的經驗。但世界上多的是裝得一副很了不起的人，實際上卻無法落實其承諾。也有很多具備優秀特質的人，在「憑感覺」運作的最初幾秒鐘卻無法將最好的自己展現出來。

第十二章對此有更詳細的說明，以及憑感覺與直覺、本能反應的關係。

判斷力是關於規避風險嗎？

本書的其中一位受訪者對判斷力感到輕蔑，他認為判斷力是過度謹慎的表現，會導致無法做出決定。實際並不是這樣。就像速度，判斷涉及評估風險，而非規避風險。當速度非常重要時，判斷便需要快速執行，甚至需要立即執行。只有當需要審慎行事時才需要謹慎，像是（在時間允許下）需要取得更多

資訊,包括考量中的做法是否可行。

女性的判斷力比男性更好嗎?

在我研究判斷力的工作中,包括幾次訪談有好多次都有人提到男性與女性做判斷的差異。包括了特定主題,像是男性:

- 相較於女性,更會冒風險,更傾向冒過多風險,
- 更果斷、更容易快速做出(可能是錯的)結論,
- 更僵化,得到新證據後也比較不會改變做法。

而女性:

- 直覺與 EQ 都比男性更好,更願意傾聽他人,更可能會聽取他人建議,
- 比男性沒有自信,但也比較不會出現過度自信的狀況,
- 在集體做決策的過程中表現得更好。

女性的判斷力可能優於男性這點,在金融界特別能引起共鳴。不只一個人告訴我,如果 2007 年至 2008 年當時有更多女性位居金融機構高位,如果雄性賀爾蒙少一點,那時的金融危機可能就不會那麼慘,比如是「雷曼姐妹而不是雷曼兄弟」。

好的判斷可能會因為多元思考而受惠,單一性別的團隊在這項考驗則很可能會不及格。但任何將全球人口分成兩半進行歸類的概化做法都有其風險,也可能有性別刻板印象的危險。

個人感受和信念,包括價值觀和偏見呢?

我們需要將這些納入考量。例如,個人與組織的價值觀是我們在判斷過程中使用的感受和信念的一部分。如果我們想要維持這些感受和信念,就必須意識到其存在。一如其他的感受和信念,這些會在我們做選擇時進行過濾。但我們也需要注意到無意識的感受和信念,像是偏見、迷信、成見,因為這些可能也會成為濾鏡,對我們的選擇形成負面影響。

成功了就代表你做出好判斷嗎?

人之所以成功有各種原因。你可能知識最淵博、最能言善道,或純粹只是運氣好。一旦考量到個人特質,判斷就變得非常重要,但這不是讓你成功的唯一特質。所以你在尋找「這次成功原因」的快速解答時要小心,包括判斷的角色。在某些組織中,創意或魅力可能很重要;在其他地方,努力及可靠則是關鍵。而且,任何類似「理查‧布蘭森沒有讀過商學院」的說法都受到倖存者偏差的影響。每出現一個理查‧布蘭森,就有數千個沒能像他一樣成功的人。大部分判斷不佳的人都沒機會說出他們的故事。

世界各地的判斷力都一樣嗎?

在大部分的國家,關於判斷力這個概念都有些相似之處。但一如性別議題,對於社會及其文化概括而論,必須特別謹慎。在一個基於自由原則的西方社會,好的判斷往往被認為

是以理性、精英領導式、平等的方式做選擇。(不只來自加州的)放鬆活潑的年輕西方人可能會難以適應重視性靈、智慧和重視階級的社會。但就這部分，概括而論很危險。社會並非同質的，文化中並非所有面向都以同樣方式解讀，並且也會隨時間改變。

判斷力在某些角色中比其他角色更重要嗎？

是的。隨著責任增加，判斷的要素也提升。那些做例行工作的人通常沒有太多需要判斷的地方，直屬主管有一些斟酌處理的權利，而執行長決策中涉及判斷的比例很高，反映出廣泛複雜的管理工作。

隨著選擇的複雜性提高，需要判斷的部分也因此增加。庫存管理是根據很直接的演算法，以便維持貨物流通、庫存水準保持在預先決定的水準。這個工作不太需要人類干預。相較於工作內容比較清楚明確的職缺，為工作內容複雜的職缺挑選適合人選時，會需要運用更多判斷力。大部分的判斷會需要用在倫理議題或個人敏感事務上。

測試你的偏見

　　一如與判斷力相關的所有事物，偏見也須視情況而定。你在某些情況會帶有偏見，有些時候則不會。但為了幫助你了解在哪些情況容易出現偏見（例如損失厭惡），檢視以下 20 項清單中你中了幾個。然後找個很瞭解你的人，問問他覺得你符合哪幾點描述。比較兩份清單，其結果很值得你參考。

1. **類比** —— 做不恰當的比較。我們喜歡透過說「這就像……」來試著理解現在發生的事情。但歷史充斥著那些做錯選擇的人所犯的錯誤，因為類比並不適當。
2. **定錨效應** —— 使用不恰當的定錨點。例如，研究顯示我們在決定東西是否「便宜」或「昂貴」時，很容易受到對事物先入為主想法的影響（像是餐點、機票或房屋價格）。
3. **易得性偏誤** —— 把太多重點放在最容易想到的資訊。例如在年度績效評核時，討論往往會聚焦在工作最容易看出成功或失敗的部分，像是完成一項專案，而非提振士氣。
4. **妥協效果** —— 避免極端狀況：例如有三個選項時，選擇中間或妥協下的選項。
5. **確認偏誤** —— 偏好能支持我們現有信念的資訊，忽略那些不能支持的證據。這不只是選擇上的風險。做出選擇後，我們會因為確認偏誤而尋找能證明我們在一開始做出這個特定選擇有多明智的證據。

6. **秉賦效應** —— 我們往往會對自己擁有的東西給予比實際願意支付的價格更高的重視。屋主通常會因為對居住過的房子有情感依附，而給予其比市場價格更高的估值。
7. **升高承諾** —— 堅持繼續執行目前的做法，例如一個曾經成功但現在已不再有效的策略。投資者常會這樣做，持續持有曾經表現良好的股票。損失厭惡（見下文）就是升高承諾的一個例子。
8. **團體迷思** —— 團體成員傾向鞏固彼此信念及偏見的狀況。諷刺的是，那些在團體中與其他成員相處感到最自在的人最容易受到這種偏見影響。
9. **後見之明** —— 相較於事件發生之前，在事後認為有更高機率會出現某種結果。這可能很顯而易見 —— 大部分人都想在事後看起來很明智。媒體評論員在解釋事情如何發生時特別容易受到後見之明偏誤的影響，彷彿任何人都能預見事情發展（就算他們當初沒有看出來）。
10. **損失厭惡** —— 面對同等數額的收益或損失，人們更傾向避免損失，像是不願意認賠賣出房子或股票。這可能是因為我們在創造或購買某個東西時已投入情感所導致。
11. **常態偏誤** —— 人們傾向認為未來就會和過去一樣。例如，錯過科技上的大幅轉變、忽略機會的出現，或低估災難發生的可能性。
12. **過度樂觀或過度悲觀** —— 有人認為這並非偏見，但如果相較於自身預期，我們一直會傾向錯看事情的發展，那我們在這方面可說已出現偏誤。
13. **過度自信** —— 對於自身能力擁有不合理的信念。這通常是重大軍事、法律、金融或個人問題的核心。也會造成許

多其他偏誤，是良好判斷的一大敵人。

14. **隨機性** —— 對隨機發生的事情給予過多重要性。例如，劣質分析可能會從測試結果做出錯誤的結論。

15. **近因偏誤** —— 過度強調最近讀到、看到或聽到的資訊，因此最容易想起。例如，易得性偏誤著重在用來衡量成功最顯而易見的要素，近因偏誤則讓我們將重點放在最近才剛發生的事物上。

16. **代表性偏誤或小數** —— 誤以為一個事件或行為能代表更大的數字或以小見大。

17. **向日葵偏誤** —— 傾向順從上級。例如，因為怕被認為在反駁上級，對於老闆已經表示同意的提案繼續進行其實存有異議卻不表達。

18. **維持現狀偏誤** —— 偏好現狀而非改變，通常這是因為改變讓人感到可怕，即便改變是令人嚮往的。

19. **沉沒成本** —— 指的是已經發生而無法收回的成本。在偏見的情境中，指的是不願意承認錯誤，像是繼續收看我們已付費但不喜歡的串流影片。

20. **顯著性偏誤** —— 將過多重點放在對我們有強烈影響的事物上。對飛行的恐懼比對坐車的恐懼更常見，但數據顯示飛行比坐車還要安全。

不同國家看待判斷的差異

有些字詞及概念能夠輕易跨越國界，有些則不然。判斷力很容易傳播，但有時在跨越國境時需要「出示護照」，不只是因為這個詞本身不見得在每種語言中都有意義完全對應的字詞，也因為應用的方式有別，需要特別謹慎留意。

正確的字詞是什麼？

首先，語言的問題。當我們在自己的國家文化中，能理解看到和聽到的細微不同之處，這時要確立是否講的是同一件事比較容易。外來者比較難解讀所說出、看到或做出的事情，就算表面上看起來相似——英國和美國就常常被形容是由同一種語言區隔的兩個國家。

和許多不同國家的人討論將判斷一詞從英文翻譯成其他語言後，顯然大家都能理解判斷的概念，雖然在某些語言中沒有關於這個字詞的確切翻譯。某些語言中有明顯相近的字詞——阿拉伯語的 hukm、丹麥語與挪威語的 dommekraft、日語的 hamdan，或俄語的 suzdemie。有時候，判斷與決策用的是同一個字詞，像是印尼語的 keputusan。印地語的 nirnaya 包含決策及司法評判之意。有時候需要超過一個以上的字詞，像是馬來語的 kaputusan yang bijakin 或印度泰盧固語的 alalochana vidhanam（思考的方式）。

有些語言針對判斷的不同面向會使用各種不同字詞。法語中，包括 le bon jugement、la jugeote、le discernement。德語則有 Urteilsvermbgen、Urteilskraft、Beurteilungskraft、Einschatzung。在和西語母語人士討論正確字詞時，他們給了我 consilio、discernimiento、juicio（還有 buon juicio 與 juicio de valor）、raciocinio。印地語母語人士提供的四種可能包括 vivek（帶有審慎的意涵，但同時也有敏感與機智之意）、rai（意見或看法，比較不權威的說法）、parakh（指的僅是判斷的其中一個要素，也就是洞見），以及 mat（指的更多是思考的過程）。

　　就算是翻譯，為了說明情境很重要，我請一位英文與中文都很流利的人解釋兩個可能字詞的差異：「pànduàn」（「判斷」）與「jué cè」（「決策」）。

　　　「判斷」是英文的直接翻譯，很中立，但有時候沒法翻譯出其隱含之意。想像一個情境，你走進書店瀏覽書架，看到《增進你的商業判斷》這樣的書名感覺會有點奇怪。書名更可能會像是《增進你的商業決策》。
　　　另一方面，「jué cè」就是「決策」的意思。但根據意涵不同，這一詞可能也適用。這一詞帶有高層次判斷及權威／權力者做決策的意涵，不是因為字詞本身，而是因為人們使用這個字詞的情境。對於資深管理階級，我會選擇用「決策」一詞，但還是要依情境而定。這是在一個更精確翻譯與更合適意涵間的權衡取捨。[1]

　　由於難以找到對等字詞，於是浮現一個問題。如果一個語言中沒有判斷的對等字詞，我們在跟一個語言中沒有這個字詞

的人講話時，到底確切是在講什麼？實際上這並非大問題。我們在不同語言間一直都是用近似的詞語溝通，不是所有的字詞都有確切的翻譯。我們可以用一個以上的字來處理這個問題，就如馬來語的例子，用三個字來表達判斷一詞。

判斷與國家文化

我們可以說一個國家的人民，無論情境，都擁有相似的信念嗎？舉中國為例，「中國文化」一詞難以涵括 14 億人口的信念及行為。光是比較兩個中國大城市，上海人會說他們跟北京人不一樣，反之亦然。社會也非靜態不變，對中國文化概括而論時，需要考量到過去幾十年來該國急遽的變化。的確，概括而論可能會出現對一個國家或文化誇大模仿的危險，（「所有的義大利人都很熱情」或「所有的英格蘭人都很冷淡」）。

判斷要視情況而定，這代表使用判斷力時必須考量到不同的國家文化，一如必須考慮到單一國家中的不同情況。[2] 因此，世界各地提出敏感議題的方式都不一樣，就像在一個國家中，在家合適的行為在工作場合並不適當。

舉例來說，根據蘇珊・史奈德（Susan Schneider）與瓊－路易・巴蘇（Jean-Louis Barsoux）表示，日本企業花在決策的時間似乎比西方企業來得更長。[3] 一部分是因為日本的管理者重視集體主義與階級，會「花更多時間試著讀出老闆的心思」，藉此了解老闆實際上的偏好。一部分也是對於決定好的事情，有一個「願意加入」的過程。所以，雖然過程可能比美國的企業長，可是一旦做出選擇，便能更快執行，因為所有的人都了解做出選擇的原因。對於不同國家文化中管理階層的概括

而論,需要有條件。來看看下屬是否能挑戰上級這個情境中的判斷力。在某些文化中,這樣的做法可以被接受,甚至被鼓勵,極端狀況則是橋水基金(Bridgewater Associates)執行長瑞・達利歐(Ray Dalio)提倡的爭議性原則「極端透明」(radical transparency)。他不僅鼓勵下屬挑戰他,還利用軟體讓員工能在會議過程中以滿分十分的方式針對他的想法給分。[4]

在某些國家中比較無法向上挑戰,甚至不允許這樣的做法。但也不能過於倉促而一概而論。在孟買的一次討論中,我聽到關於礦產公司 Vedanta 的例子。該公司決定在倫敦證券交易所上市,一旦這樣做則必須放棄家族企業中高度聽命家族的許多特有做法。他們告訴我,該公司必須向下推行做決策一事,讓更多主管為自己的行動負起責任。

任何跨國管理過的人都知道,一個國家文化中的想法通常無法直接轉換到另一個國家,當管理者在另一個國家還試圖用自己國家的方式管理時,往往不會成功。全球最大的其中一間企業財務長告訴我,在一個裙帶關係與貪腐不斷的國家,他被要求用總公司列出的必備能力清單去評量員工表現。其中包括「自信廉正」。這在一個嚴重貪腐的地方並不容易。

在缺乏「判斷力」的確切翻譯下,也顯示必須考量到文化差異。例如,我在杜拜和一群商業小組談話時,他們問我智慧與判斷力的關聯。我表示智慧只是其中一項要素,在西方商場上也不見得是判斷力中最重要的要素,因為在西方商場上彈性及適應力最重要。「在這裡不是這樣,」提問者這樣回答我。「在這裡,智慧很重要。阿拉伯語的判斷(hukm)一詞和智慧(hikma)一詞很接近,顯示出在這個文化中兩者間的強烈連結。」

在回家的路上，我思考著關於智慧一事，我看得出來智慧是判斷力很重要的一環。這項要素會汲取相關經驗，提供資訊做出當下判斷。難怪在某些社會中這麼重視智慧，在這些文化中，傳統的價值、歷史和前例都是對未來的重要指引。尊重年長者、順從位階、對階級敏感、了解留點面子的需要、想要避免衝突、不願意直接表達、需要取得共識，這些都是展現年資的一些方式。相較之下，在以西方世界主導的管理思維中，關鍵是在持續變化的環境中進行管理，重點會放在未來。

另一個與判斷相關的文化差異例子是關係的重要性。無論是哪一個國家文化，良好的關係是做生意的關鍵要素。在某些文化中，關係好是唯一最重要的要素。在其他文化中則相反，緊密的關係可能會被控勾結或甚至貪汙。賄賂警方、海關官員或（某些國家的）總統可能讓人大富大貴，或陷入牢獄之災。在其他國家，拒絕賄賂則可能讓人陷入貧困或被抓去關。要了解實際上好的判斷是什麼，關鍵是理解所涉及的情境。

判斷框架能幫助你在任何國家文化中運用判斷力，差別在於特定文化情境中使用的方式，以及是否能察覺運用上的差異。

第六部

延伸閱讀

更多參考資源

判斷涵括許多不同領域,可延伸閱讀的範圍相當廣泛。若要找出和你相關的,則專注在你所需要的(例如:更多關於如何快速做出選擇、在非營利領域中如何應用)、使用資料庫或搜尋引擎去聚焦在可能的其他素材上。以下列出一些或許能提供有用額外資訊的著作。

Ariely, Dan, *The Upside of Irrationality*(《不理性的力量》): *The Unexpected Benefits of Defying Logic at Work and at Home* (London, HarperCollins, 2010)。
提倡用更多實驗的方式反擊使用直覺的做法。

Baron, Jonathan, *Thinking and Deciding*, fourth edition (Cambridge, Cambridge University Press, 2006)。
關於決策的一般性教科書。

Bazerman, Max H,, and Don A. Moore, *Judgment in Managerial Decision Making*, eighth edition (New York, Wiley, 2012)。
美國關於決策的主流心理學權威著作。

Chabris, Christopher, and Daniel Simons, *The Invisible Gorilla*(《為什麼你沒看見大猩猩?》): *And Other Ways Our Intuition Deceives Us* (London, HarperCollins, 2010)。
直覺的角色。

Dobelli, Rolf, *The Art of Thinking Clearly: The Secrets of Perfect Decision-Making* (London, Sceptre, 2013)。
判斷、例行錯誤及阻礙邏輯的九十九個錯誤。

Drummond, Helga, *The Economist Guide to Decision-Making* (London, Economist Books, 2012)。
著重在易犯錯誤上一本容易上手的指南。

Duke, Annie, *Thinking in Bets*(《高勝算決策》): *Making Smarter Decisions When You Don't Have all the Facts* (New York, Penguin, 2018)。
一位撲克牌選手對選擇的看法:利用打賭做選擇的寶貴洞見。

Edmondson, Amy, *The Fearless Organization*(《心理安全感的力量》): *Creating Psychological Safety in the Workplace for Learning Innovation, and*

Growth (Hoboken, NJ, Wiley, 2019)。
心理安全感的介紹：相信人不會因為分享想法、提問或提出擔憂之處而受到懲罰。

Epstein, David, *Range*（《跨能致勝》）: *How Generalists Triumph in a Specialized World* (London, Macmillan, 2019)。
認為應以廣度而非專業程度來挑選同事。

Flyvbjerg, Bent, and Dan Gardner, *How Big Things Get Done*（《超級專案管理》）: *The Surprising Factors That Determine the Fate of Every Project, from Home Renovations to Space Exploration* (London, Macmillan, 2023)。
大規模計畫：相關知識與經驗非常重要的例子。

Gigerenzer, Gerd, *Gut Feelings*（《直覺思維》）: *The Intelligence of the Unconscious* (London, Viking, 2007)。

——, *Risk Savvy: How to Make Good Decisions* (London, Viking, 2014)。
用決策分析的方法進行判斷。

Gladwell, Malcolm, *Blink*（《決斷2秒間》）: *The Power of Thinking without Thinking* (London, Allen Lane, 2005)。
關於頭兩秒的重要性。

——, *Talking to Strangers*（《解密陌生人》）: *What We Should Know about the People We Don't Know* (London, Allen Lane, 2019)。
我們能多相信其他人是否說出實話。

Grant, Adam, *Think Again*（《逆思維》）: *The Power of Knowing What You Don't Know* (London, W. H. Allen, 2021)。
呼籲重新思考你一開始做出的選擇。

Hammond, John, Ralph Keeney and Howard Raiffa, *Smart Choices: A Practical Guide to Making Better Decisions* (Boston, MA, Harvard Business School Press, 2018)。
關於決策的一份清楚明確的指南。

Heath, Chip, and Dan Heath, *Decisive*（《零偏見決斷法》）: *How to Make Better Choices in Life and Work* (London and New York, Random House, 2014).
受歡迎又容易上手的決策指南。

Heuer, Richard J., *Psychology of Intelligence Analysis* (Washington, DC, CIA, 1999)。
中央情報局（CIA）基於不完整、模糊資訊做出判斷的指南。

Johnson, Steven, *Farsighted*（《三步決斷聖經》）: *How We Make the Decisions That Matter the Most* (London, John Murray, 2019)。

關於預測的實用指南。

Kahneman, Daniel, *Thinking Fast and Slow*（《快思慢想》）*Fast and Slow* (London, Penguin, 2011)。

丹尼爾・康納曼（Daniel Kahneman）與阿莫斯・特莫斯基（Amos Tversky）是偏見與捷思法研究領域的先驅。這或許是判斷領域中非專業人員最常被引述的一本著作。請見麥可・路易士（Michael Lewis）的《橡皮擦計畫》。

Kahneman, Daniel, Olivier Sibony and Cass R. Sunstein, *Noise*（《雜訊》）*: A Flaw in Human Judgment* (London, William Collins, 2021)。

關於在一堆相似決定中，因偶然變化所造成錯誤的著作。本書探討如何避免這些錯誤。

Kase, Kimio, Cesar Gonzalez-Canton and Ikujiro Nonaka, *Phronesis and Quiddity in Management: A School of Knowledge Approach* (Basingstoke, Palgrave Macmillan, 2014)。

根據「實踐智慧」做判斷的方式。

Kay, John and Mervyn King, *Radical Uncertainty*（《極端不確定性》）*: Decision-Making for an Unknowable Future* (London, Bridge Street Press, 2020)。

為什麼經濟學誤解了不確定性。支持判斷在決策過程的角色。

Klein, Gary, *Seeing What Others Don't*（《為什麼他能看到你沒看到的？洞察的藝術》）*: The Remarkable Ways We Gain Insights* (London, Nicholas Brealey, 2013)。

主張判斷時「憑著直覺走」領域的權威著作。

Koehler, Derek J., and Nigel Harvey (eds), *Blackwell Handbook of Judgment and Decision Making* (Oxford, Blackwell, 2004)。

心理學與其他領域著名權威學者所寫的一系列文章。

Lewis, Michael, *The Undoing Project*（《橡皮擦計畫》）*: A Friendship that Changed the World* (London, Allen Lane, 2016)。

丹尼爾・康納曼與阿莫斯・特莫斯基合作的故事。

Menkes, Justin, *Executive Intelligence: What All Great Leaders Have* (London, HarperCollins, 2005)。

說明人才招募公司史賓沙（Spencer Stuart）採用的 EQ 測試法，後來幾年做了相當大的修改。

Mauboussin, Michael J., *The Success Equation: Untangling Skill and Luck in Business,*

Sports, and Investing (Boston, MA, Harvard Business Review Press, 2012)。
決策中運氣的角色。

Omand, David, How Spies Think (London, Penguin, 2020)。
在間諜世界中,關於分析性思考的深刻觀察。

Nutt, Paul, Why Decisions Fail (《我是英明決策者》) (San Francisco, Berrett-Koehler, 2002)。
關於不要做什麼、從常見錯誤回推找到避免方法的實用指南。

Pinker, Steven, Rationality: What It Is, Why It Seems Scarce, Why It Matters (London, Allen Lane, 2021)。
呼籲重視生活中的理性角色,包括我們選擇的方法。

Robson, David, The Intelligence Trap (London, Hodder & Stoughton, 2019)。
為什麼聰明人會做蠢事。

Rosenzweig, Phil, The Halo Effect — and Eight Other Business Delusions That Deceive Managers (New York, Free Press, 2007)。
關於一個經典偏見的精彩說明,並攻擊「從好到更好」及「卓越」相關的文獻。

Rosling, Hans, Factfulness: Ten Reasons We're Wrong about the World — and Why Things Are Better Than You Think (London, Sceptre, 2018)。
讓我們誤解世界的十個本能反應。

Russo, J. Edward, and Paul J. H. Schoemaker, Winning Decisions: Getting It Right the First Time (《哈佛MBA的四大祕密:成功決策》) (New York, Currency, 2002)。
根據決策框架、搜集情資、導出結論、從經驗學習的方式做出決定。

Signam, Mariano, The Secret Life of the Mind (London, William Collins, 2017)。
神經科學面向的洞見。

Spiegelhalter, David, The Art of Statistics (London, Pelican, 2019)。
對於統計學的清楚指南,包括機率。

Tegmark, Max, Life 3.0: Being Human in the Age of Artificial Intelligence (New York, Knopf, 2017)。
AI 時代中,做為人類與意識代表的意涵。

Tetlock, Philip, and Dan Gardner Superforecasting: The Art and Science of Prediction (London, Random House, 2015)。
主要討論用判斷做為預測,但對偏見提供了有趣的見解。

Thaler, Richard H., and Cass R. Sunstein, *Nudge: Improving Decisions about Health, Wealth and Happiness* (New Haven, CT, Yale University Press, 2008; updated edition 2021)。
關於選擇文獻的開創性著作：我們的選擇如何受到選擇呈現方式所影響，能如何引導那些面臨選擇的人。

Thiele, Leslie Paul, *The Heart of Judgment: Practical Wisdom, Neuroscience, and Narrative* (New York, Cambridge University Press, 2006)。
以哲學性切入判斷的討論。

Topol, Eric, *Deep Medicine: How Artificial Intelligence Can Make Healthcare Human Again*（《AI 醫療 DEEP MEDICINE》）(New York, Basic Books, 2019)。
人類判斷與 AI 在醫療中的關係。

致謝

由於判斷力涵蓋了許多不同領域及文獻探討，寫這本書時，在了解議題、發想、搜集資訊與論點時，得到了非常多了解此議題的人的協助與建議。

我在倫敦商學院許多不同領域的學術界同事對此書的寫成非常重要，他們提供了靈感與鼓勵，包括那些充滿想法與洞見的午餐時光。我只直接引用了其中幾個人的話，但還有許多建議都非常有幫助。包括圖書館與 IT 團隊在內的同事們提供的重要支持，本書才得以完成。向世界各地校友社群報告新出爐的研究結果，在這趟旅程中令人既興奮又獲得激勵。

我要感謝洛克菲勒基金會的慷慨協助，讓我在他們位於貝拉吉歐的研究中心將最初的想法集結起來。

多年來，我和我的朋友畢吉·錢達利亞（Beej Chandaria）測試了許多想法，在思考各種概念及如何表達的過程中，也因我的夥伴凱薩琳·山得勒（Catherine Sandler）的專業知識與協助而獲益良多。那些為本書發想與寫作提供了相當貢獻的包括：內維爾·亞伯拉罕（Neville Abraham）、布魯諾·亞席薩（Bruno Aziza）、麥可·伯恩斯（Michael Berns）、莎拉·柯納切（Sarah Conacher）、安迪·卡拉格斯（Andy Craggs）、湯瑪斯·艾吉曼（Thomas Egeman）、羅賓·辛德·費雪（Robin Hindle Fisher）、凱莉·弗萊切（Carrie Fletcher）、安德魯·富蘭克林（Andrew Franklin）、麥可·古德（Mike Goold）、克萊爾·格里斯特·泰勒（Clare Grist Taylor）、丹尼爾·哈那（Daniel

Hanna）、伊恩‧哈維（Ian Harvey）、理查‧藍柏特（Richard Lambert）、已離世的露絲‧賴維特（Ruth Levitt）、格哈‧勒普提安（Gohar Lputian）、艾倫‧蒙特費歐（Alan Montefiore）、提姆‧穆勒（Tim Mueller）、露西‧奈維爾－羅夫（Lucy Neville-Rolfe）、馬修‧沛帝格魯（Matthew Pettigrew）、烏薩‧普萊沙（Usha Prashar）、赫克特‧羅恰（Hector Rocha）、布蘭達‧羅斯與尼爾‧羅斯（Brenda and Neill Ross）、安德魯‧史考特（Andrew Scott）、麥可‧史登伯格（Michael Sternberg）、穆斯塔法‧蘇利曼（Mustafa Suleyman）、馬修‧史密斯（Matthew Smith）、葛雷漢‧塞力克（Graham Zellick）。此處因為篇幅不足，無法一一感謝超過八百位其他我曾訪問過或曾針對其經驗與想法有過啟發性討論的人。

最後，我要感謝家人的支持，尤其是梅拉（Meira）鼓勵我將想法轉化為點子，謝謝露絲一直以來清楚又熱切地告訴我：「該是寫書的時候了！」並創造一個能寫作的環境。

本書中任何錯誤或遺漏之處都由我個人承擔。

注釋

除非下列注釋另有說明,本書所有引述內容均來自作者未發表的採訪。

前言

1. 關於導致鐵達尼號沉船有非常多的說法。更多例子請見Frances Wilson, *How to Survive the Titanic, or, The Sinking of J. Bruce Ismay* (London, Bloomsbury, 2011), p. 11.
2. 一如奇普・希思與丹・希思在《零偏見決斷法》(London and New York, Random House, 2014)原文書第252頁所述,過程也會建立信心。
3. 這句話來自希臘哲學家赫拉克利特(c.540-c.480 BCE)。
4. Lewis Carroll, *Alice's Adventures in Wonderland* (1865), Chapter X. ' "I could tell you my adventures – beginning from this morning," said Alice a little timidly: "but it's no use going back to yesterday, because I was a different person then." '

01

1. Paul C. Nutt, *Why Decisions Fail* (San Francisco, Berrett-Koehler, 2002), p. 169。
2. 字典對「判斷」的定義如下:劍橋:「形成有價值意見並做出好決定的能力」。牛津:「在仔細思考過後對某件事物形成的意見」。柯林斯:「判斷是你仔細思考過某件事物後形成或表達的意見」。韋伯:「透過辨明與比較,形成意見或評估的過程」。
3. Herbert A. Simon, A Behavioral Model of Rational Choice! *Quarterly Journal of Economics*, vol. 69, no. 1 (1955), pp. 99-118, at p. 117.
4. Andrew Edgecliffe-Johnson and Peggy Hollinger quoting Peter DeFazio, 'Boeing Chief Muilenburg out after 737 Max Failure', *Financial Times*, 24 December 2019.

02

1. 引自David G. Chandler (ed.), *The Military Maxims of Napoleon* (London, Greenhill, 1995).

2 引自Omand, David, *How Spies Think* (London, Penguin, 2020)。p. 61.
3 Russo, J. Edward, and Paul J. H. Schoemaker, *Winning Decisions: How to Make the Right the First Time* (New York, Currency, 2002).
4 Shane Parrish, *Clear Thinking: Turning Ordinary Moments into Extraordinary Results* (London, Cornerstone Press, 2023), p. 120.
5 Alison J. Laurence and Neil D. Shortland, *Decision Time: How to Make the Choices Your Life Depends On* (London, Vermilion, 2021), quoting Sandra L. Schneider and James Shanteau (eds), *Emerging Perspectives on Judgment and Decision Research* (Cambridge, Cambridge University Press, 2003), pp. 13-16.
6 Richard P. Larrick, 'Debiasing', in Derek J. Koehler and Nigel Harvey (eds), *Blackwell Handbook of Judgment and Decision Making* (Oxford, Blackwell, 2004), p. 328.
7 Steven Pinker, *Rationality: What It Is, Why It Seems Scarce, Why It Matters* (London, Allen Lane, 2021), p. 57.
8 Dan Ariely, *Predictably Irrational: The Hidden Forces that Shape Our Decisions* (London, HarperCollins, 2008).
9 Kay, John and Mervyn King, King, *Radical Uncertainty: Decision-Making for an Unknowable Future* (London, Bridge Street Press, 2020), p. 138.
10 'Paul Otellini's Intel: Can the Company That Built the Future Survive It?', *Atlantic*, 16 May 2013.
11 Mervyn King, *The End of Alchemy* (London, Abacus, 2016), p. 134.

03

1 *Bad Boy Billionaires: India*, part 1 (Netflix, 2020).
2 Andrew Edgecliffe-Johnson, 'WeWork's Adam Neumann on Investing, Start-Ups, Surfing and Masayoshi Son', *Financial Times*, 11 March 2022.
3 *Financial Times*, 13-14 February 2021.
4 Richard Wiseman, *The Luck Factor* (London, Century, 2003)。韋斯曼有四個「原則」：盡可能提高你的機會、傾聽你的幸運直覺、期待好運、將壞運轉為好運。著重在盡可能利用個人特質與態度，提高因運氣受益的機會。
5 Obituaries in *The Times and Financial Times*, 3 March 2020.
6 Article by Brooke Masters, *Financial Times*, 19 April 2019.
7 Brian Christian and Tom Griffiths, *Algorithms to Live By* (London, William Collins, 2016), p. 257.

04

1. 引自 Joshua Chaffin, Andrew Cuomo Thrives on the Front Lines of US Coronavirus Crisis) *Financial Times*, 24 March 2020.
2. Louise Eccles, 'Calories May Be on the Menu, but You Just Can't Count on Them) *Sunday Times*, 16 July 2023.
3. Tim Harford, 'What countries can – and can't – learn from each other', *Financial Times*, 18 June 2020.
4. Charles Duhigg, *Smarter, Faster, Better: The Secrets of Being Productive in Life and Business* (New York, Random House, 2016), pp. 238-67.
5. Ibid., p. 265.
6. 引自 the *Financial Times*, 26 April 2019.
7. Chris Blackhurst, *Too Big to Jail: Inside HSBC, the Mexican Drug Cartels and the Greatest Banking Scandal of the Century* (London, Macmillan, 2022), p. 38.
8. Richard Posner, *How Judges Think* (Cambridge, MA, Harvard University Press, 2008), pp. 107-9.
9. 與海軍艦隊前司令詹姆士・伯內爾－紐根特上將爵士（Admiral Sir James Burnell-Nugent）的訪談。
10. Annie Duke, *Thinking in Bets: Making Smarter Decisions when You Don't Have all the Facts* (New York, Penguin, 2018), p. 25.

05

1. *Financial Times*, 3-4 September 2016.
2. *Financial Times*, 9-10 September 2023.
3. Kate Murphy, *You're Not Listening: What You're Missing and Why It Matters* (London, Harvill Seeker, 2020), p. 79.
4. *Financial Times*, 13 February 2021.
5. Mariano Signam, *The Secret Life of the Mind* (London, William Collins, 2017), p. 54.
6. Max Bazerman, 'Becoming a First-Class Noticed *Harvard Business Review*, July/August 2014.
7. Murphy, *You're Not Listening*, pp. 125-6.
8. Lord Bingham, quoted in Hazel Genn, Assessing Credibility' (2016), https://www.judiciary.uk/wp-content/uploads/2016/01/genn_assessing-credibility.pdf.
9. Elliot Aronson, Timothy D. Wilson and Samuel R. Sommers, *Social Psychology*, tenth edition (Upper Saddle River, NJ, Prentice Hall, 2003), Chapter 4.

10　Elliot Aronson, Timothy D. Wilson and Samuel R. Sommers, *Social Psychology*, tenth edition (Upper Saddle River, NJ, Prentice Hall, 2003), pp. 32-3 and 113-7.

11　引自Christian Madsbjerg, *Look: How to Pay Attention in a Distracted World* (New York, Riverhead, 2023), pp. 130,134.

12　Murphy, *You're Not Listening*, p. 84.

13　更多內容，請見：Jack Zenger and Joseph Folkman, 'What Great Listeners Actually Do', *Harvard Business Review*, July 2016.

14　Aronson, Wilson and Sommers, *Social Psychology*, tenth edition pp. 106-8.

15　有非常多關於團體如何運作、使用團體的利弊的討論來源。涵括其中許多議題的兩份學術研究是V. B. Hinsz et al., 'The Emerging Conceptualization of Groups as Information Processors, *Psychological Bulletin*, vol. 121, no. 1 (1997), pp. 43-64，以及N. L. Kerr et al., 'Bias in Judgment: Comparing Individuals and Groups', *Psychological Review*, vol. 103, no. 4 (1996), pp. 687-719。實用的比較表現摘要請見：Robert S. Baron and Norbert L. Kerr, *Group Process. Group Decision. Group Action* (Buckingham, Open University Press, 1992), Chapter 3.

16　Omand, *How Spies Think*, p. 117.

17.　Erin Meyer, *The Culture Map: Breaking through the Invisible Boundaries of Global Business* (New York, PublicAffairs, 2014), p. 67.

06

1　*The Failure of HBOS plc*, report by the Financial Conduct Authority and the Prudential Regulation Authority (2015), p. 217.

2　*Sunday Times*, 9 June 2019。英國連鎖蛋糕店Patisserie Valerie受到官方及專業人員密切檢視。

3　David Robson, *The Intelligence Trap* (London, Hodder & Stoughton, 2019), p. 71.

4　菲利浦·泰特洛克的著作針對這方面提供了冷靜清醒的洞見。請見Philip Tetlock and Dan Gardner, *Superforecasting: The Art and Science of Prediction* (London, Random House, 2015).

5　愛德曼全球信任度調查從2000年開始進行調查。內容包含三十分鐘的線上訪談。2023年的線上調查採樣了來自28國超過三萬兩千名受訪者。

6　例如，關於更一般的三層次信賴模型（能力、善意、正直），請見：Roger C. Mayer, James H. Davis and F. David Schoorman, An Integrative Model of Organizational Trust) *Academy of Management Review*, vol. 20, no. 3 (1995), pp. 709-34.

7 Richard Hytner, *Consiglieri: Leading from the Shadows* (London, Profile, 2014).
8 Alex Edmans, *May Contain Lies: How Stories, Statistics and Studies Exploit Our Biases–and What We Can Do about It* (London, Penguin Business, 2024)。他的「更聰明思考檢查清單」提供能如何做的實用資訊。

07

1 Grant, Adam, *Think Again: The Power of Knowing What You Don't Know* (London, W. H. Allen, 2021), p. 25.
2 Simon Kuper, 'Why Does Davos Man Get It So Wrong?', *FT Magazine*, 23/4 January 2021.
3 Richard J. Heuer, *Psychology of Intelligence Analysis* (Washington, DC, CIA, 1999), pp. 40-1.
4 'Lex', *Financial Times*, 27 October 2020.
5 Julia Galef, *The Scout Mindset: Why Some People See Things Clearly and Others Don't* (London, Piatkus, 2021), p. 7.
6 Heath and Heath, *Decisive*, p. 163.
7 參考書目提供此領域更多資訊來源。提到蠻多重要研究起源的著作包括Koehler and Harvey, *Blackwell Handbook of Judgment and Decision Making*, and Daniel Kahneman, Paul Slovic and Amos Tversky (eds), *Judgment under Uncertainty: Heuristics and Biases* (Cambridge, Cambridge University Press, 1982)。
8 引自Simon Kuper in *FT Magazine*, 23/4 January 2021。泰特洛克也發現成功的預測者做為一個群體更願意擁抱經驗。
9 David Halberstam, 'The History Boys', *Vanity Fair*, August 2007, quoted in Margaret MacMillan, *History's People: Personalities and the Past* (London, Profile, 2016), pp. 168-9.
10 *Financial Times*, 20 December 2019.
11 *Journal of Personality and Social Psychology*, vol. 77 (1999), pp. 1121-34.
12 Grant, *Think Again*, p. 38.
13 更多關於破除偏見的討論，請見：Baruch Fischhoff in Kahneman, Slovic and Tversky (eds), *Judgment under Uncertainty*, pp. 422-44.
14 媒體報導包括紐約時報與華盛頓郵報，17 April 2018.
15 這些及許多其他有用的「修正」（「改善人類判斷與推理缺陷的組織做法」），請見：C. Heath et al., 'Cognitive Repairs', *Research in Organisational Behaviour*, vol. 20 (1998), pp. 1-37.

16 引自Alfred Sloan, Guru', economist.com, 30 January 2009.
17 引自Malcolm Gladwell, *Blink: The Power of Thinking without Thinking* (London, Allen Lane, 2005), pp. 263-4.
18 Daniel Kahneman, Knowledge Project podcast, 2021.
19 Freek Vermeulen and Niro Sivanathan, 'Stop Doubling Down on Your Failing Strategy' *Harvard Business Review*, November-December 2017.
20 引自Amy Gallo, 'What Is Psychological Safety?', *Harvard Business Review*, 15 February 2023。艾美・艾德蒙森對此寫了非常多，包括*The Fearless Organization: Creating Psychological Safety in the Workplace for Learning Innovation, and Growth* (Hoboken, NJ, Wiley, 2019)。這特別與團隊有關──「團隊心理安全感」。
21 Bernhard Gunther, interviewed in 'A Case Study in Combating Bias', *McKinsey Quarterly*, 11 May 2017.

08

1 引自Steven Johnson, *Farsighted: How We Make the Decisions That Matter the Most* (London, John Murray, 2019), pp. 8-9.
2 *Financial Times*, 17 August 2016.
3 Thaler, Richard H,, and Cass R. Sunstein, *Nudge: Improving Decisions about Health, Wealth and Happiness* (New Haven, CT, Yale University Press, 2008; updated edition 2021).
4 Thomas H. Davenport and Brook Manville, *Judgment Calls: Twelve Stories of Big Decisions and the Teams That Got Them Right* (Boston, MA, Harvard Business Review Press, 2012), pp. 164-5.
5 Kathleen M. Eisenhardt, 'Making Fast Strategic Decisions in High-Velocity Environments, *Academy of Management Journal*, vol. 32 (1989), pp. 543-76.
6 Gabrielle S. Adams et al., 'People Systematically Overlook Subtractive Changes', Nature, vol. 592 (2021), pp. 258-61.
7 Johnson, *Farsighted*, p. 67。納特也找到其他深思熟慮過選項的數量，以及決定最終成功之間的強烈關聯──這也是要小心「只有一個選項」說法的好原因。
8 *Inside Obama's White House*, BBC documentary (2016).
9 Pinker, *Rationality*, p. 319.
10 Gerd Gigerenzer, Peter M. Todd and ABC Research Group, *Simple Heuristics That Make Us Smart* (New York, Oxford University Press, 1999).
11 Daniel Kahneman, *Thinking Fast and Slow* (London, Penguin, 2011), p. 98.

12 Richard Gomes and Greg Streib, 'Paid to Think: Redefining Civic Leadership', *National Civic Review* (Fall 2014), pp. 40-7.
13 Russell Reynolds Review, March 2020.
14 *Financial Times*, 25 April 2023.

09

1 Johnson, *Farsighted*, p. 141.
2 對於專案更全面的看法，請見：Bent Flyvbjerg and Dan Gardner, *How Big Things Get Done: The Surprising Factors That Determine the Fate of Every Project, from Home Renovations to Space Exploration* (London, Macmillan, 2023).
3 此部分內容曾出現在作者另一篇文章：'Good News for Human Beings. AI Doesn't Do Judgement', *Forbes*, 14 June 2024.
4 Eric Topol, *Deep Medicine: How Artificial Intelligence Can Make Healthcare Human Again* (New York, Basic Books, 2019).

10

1 King, *The End of Alchemy*, p. 135.
2 Daniel Kahneman and Amos Tversky, 'Prospect Theory: An Analysis of Decisions under Risk) *Econometrica*, vol. 47, no. 2 (1979), pp. 263-91.
3 James Dean, 'Bezos Says Amazon Will Fail Big but Win Bigger', *The Times*, 12 April 2019.
4 Essex County Council, 'Thurrock Council: Best Value Inspection Report', May 2023, p. 28.
5 Charity Commission, 'Charity Inquiry: Keeping Kids Company', 10 February 2022.

11

1 Gladwell, *Blink*, pp. 187-97.
2 Ibid., p. 240.
3 引自How To Academy podcast on crisis decisions.
4 Christopher Chabris and Daniel Simons, *The Invisible Gorilla: And Other Ways Our Intuition Deceives Us* (London, HarperCollins, 2010), p. 232。巴內維克從執行長職位退休時收到一筆1.48億瑞士法郎的費用，而公司後來股價崩跌，他後來因此受到大眾仇視。董事會將這筆錢公開，他被迫繳回大部分的錢，並辭掉投資公司Investor的董事長職位。
5 Eisenhardt, 'Making Fast Strategic Decisions'; Gladwell, *Blink*, pp. 266ff.

6　Heuer, *Psychology of Intelligence Analysis*, p. 76.

7　Douglas Stone, Bruce Patton and Sheila Heen, *Difficult Conversations: How to Discuss What Matters Most* (1999; repr. London, Penguin, 2010), p. 125.

8　MacMillan, *History's People*.

9　Joseph Cotterill and David Bond, 'Bell Pottinger Reputation Muddied by South African Scandal) *Financial Times*, 7 July 2017.

10　Adams et al., 'People Systematically Overlook Subtractive Changes!

11　例如：David Owen, *In Sickness and in Power: Illness in Heads of Government during the Last 100 Years* (London, Methuen, 2011).

12

1　*Oxford Reference Dictionary*.

2　Matt Lieberman, 'Intuition: A Social Cognitive Neuroscience Approach', *Psychological Bulletin*, vol. 126, no. 1 (2000), p. 110.

3　Gladwell, *Blink*, pp. 11-12.

4　引自Signam, *The Secret Life of the Mind*, p. 60.

5　引自Alden M. Hayashi, 'When to Trust Your Gut', *Harvard Business Review*, February 2001, p. 63.

6　Daniel Kahneman, Olivier Sibony and Cass R. Sunstein, *Noise: A Flaw in Human Judgment* (London, William Collins, 2021), pp. 137-8.

7　Chabris and Simons, *The Invisible Gorilla*, p. 231.

8　例如：John Bargh, *Before you Know It: The Unconscious Reasons We Do What We Do* (London, Heinemann, 2017); Gerd Gigerenzer, *Gut Feelings: The Intelligence of the Unconscious* (London, Viking, 2007); Kahneman, Sibony and Sunstein, Noise; Signam, *The Secret Life of the Mind*.

9　Lieberman, 'Intuition', pp. 111-19.

10　Ibid.

11　Posner, *How Judges Think*, pp. 107-9.

12　Gladwell, *Blink*, p. 184.

13　'Daniel Kahneman', UBS Nobel Perspectives, https://www.ubs.com/ microsites/nobel-perspectives/en/laureates/daniel-kahneman.html.

14　Leslie Paul Thiele, *The Heart of Judgement* (New York, Cambridge University Press, 2006), pp. 140-2.

15　Lieberman, 'Intuition', p. 111.

16　Chabris and Simons, *The Invisible Gorilla*, p. 235.

17 Johnson, *Farsighted*, pp. 57-8。強森指出蓋瑞・克蘭與麥爾坎・葛拉威爾對這個故事的不同使用方式。葛拉威爾將其當作一個「關於想太多要付出代價的警世故事」，克蘭則用以說明「經過去無數個小時滅火形成的」直覺決定。

18 *Cambridge Dictionary*.

19 引自Hayashi, 'When to Trust Your Gut'.

20 Reeves Wiedeman, *Billion Dollar Loser: The Epic Rise and Spectacular Fall of Adam Neumann and WeWork* (London, Hodder & Stoughton, 2020), p. 142.

21 Ibid., p. 155.

22 BBC News, 'WeWork Investor Softbank: My Judgment Was Not Right', 6 November 2019.

23 Jamie Nimmo, 'The Wild, Wild World of Masayoshi Son', *Sunday Times*, 14 August 2022.

24 Grant, *Think Again*, p. 18.

25 *Oxford English Dictionary*.

13

1 Obituary in *The Times*, 8 January 2022.

2 Matthew Syed, *Rebel Ideas: The Power of Diverse Thinking* (London, John Murray, 2019), pp. 14-15.

3 *Scotsman*, 24 October 2017.

4 Rob Goffee and Gareth Jones, *Why Should Anyone Work Here? What It Takes to Create an Authentic Organization* (Boston, MA, Harvard Business Review Press, 2015), pp. 40-4.

5 Capita plc, annual report, 2019.

6 Obituary in the *Financial Times*, 18-19 February 2023.

7 Doris Kearns Goodwin, *Team of Rivals: The Political Genius of Abraham Lincoln* (New York, Simon & Schuster, 2005).

8 Paul Johnson, *Heroes: From Alexander the Great and Julius Caesar to Churchill and De Gaulle* (London, Harper Perennial, 2008), p. 163.

9 Johnson, *Farsighted*, p. 52.

10 Scott E. Page, 'Making the Difference: Applying a Logic of Diversity', *Academy of Management Perspectives*, vol. 21, no. 4 (2007), pp. 6-20.

14

1　Murphy, *You're Not Listening*, p. 84.
2　Syed, *Rebel Ideas*, p. 60.
3　Knowledge Project interview, 12 January 2021.
4　有很多人都被認為說過這句話，包括喬治・巴頓將軍（General George Patton）。
5　Aaron De Smet, Sarah Kleinman and Kirsten Weerda, 'The Helix Organisation^ *McKinsey Quarterly*, May 2019.

15

1　Warren Bennis, 'What Matters Most? Judgment, Experience, Competency?', *Leadership Excellence*, no. 11, p. 11.
2　Norman F. Dixon, *On the Psychology of Military Incompetence* (London, Jonathan Cape, 1976), pp. 152-3.
3　*Inside Obama's White House,* BBC documentary (2016).
4　*The Times*, 30 January 2021.
5　Anthony Seldon, *Truss at 10* (London, Atlantic Books, 2024), p. 327.

16

1　Michael Davis, A Plea for Judgment) *Science and Engineering Ethics*, vol. 18, no. 4 (2012), pp. 789-808.
2　Michael Eraut, *Developing Professional Knowledge and Competence* (Abingdon, Routledge, 1994).
3　Michael Gibbins and Alister K. Mason, *Professional Judgment in Financial Reporting* (Toronto, Canadian Institute of Chartered Accountants, 1988), p. 13. 引自艾伯塔的專業工程師、地質學家與地球物理學家協會（Association of Professional Engineers, Geologists and Geophysicists of Alberta）。
4　Financial Reporting Council, 'Professional Judgement Guidance' (2022), p. 3.
5　Kahneman, Sibony and Sunstein, *Noise*, p. 228.
6　Max H. Bazerman, George Loewenstein and Don A. Moore, 'Why Good Accountants Do Bad Audits', *Harvard Business Review*, November 2002.
7　Obituary in the *Guardian*, 29 January 2006.
8　Financial Reporting Council, 'Professional Judgement Guidance' (2002), p. 5.

17

1 Dambisa Moyo, *How Boards Work: And How They Can Work Better in a Chaotic World* (London, Bridge Street Press, 2021), p. 115.
2 Ada Demb and Franz-Friedrich Neubauer, 'Board Judgment: How the Board Decides', *The Corporate Board*, May/June 1995, p. 6.
3 Andrew Likierman, 'The 12 Elements of Independent Judgement for a UK Board: A Guide for Directors', Chartered Governance Institute UK & Ireland (2021), p. 8.
4 Department of Trade and Industry, 'Review of the Role and Effectiveness of Non-Executive Directors' (2003), para 6.10.
5 Bank of England guide, cited in Chapter 4, note 4.
6 Likierman, '12 Elements'.
7 Jeffrey M. Moss, 'The Business Judgment Rule: How Much Board Deliberation Is Enough When a Board Is under Time Constraints? Citron v. Fairchild Camera and Instrument Corp) *BYU Law Review*, vol. 1991, no. 3 (1991), p. 1377.

18

1 引自Christian and Griffiths, *Algorithms to Live By*, p. 167.
2 引自Davenport and Manville, *Judgment Calls*, p. 6.
3 *Forbes*, 13 February 2013.

19

1 Nigel Rudd, *A Chairman's Tale* (London, Lume Books, 2022), p. 24.
2 Grant, *Think Again*, p. 229.
3 John Mullins and Randy Komisar, *Getting to Plan B: Breaking through to a Better Business Model* (Boston, MA, Harvard Business Review Press, 2009).

20

1 Pinker, *Rationality*, p. 312.

21

1 Nicholas Barber, 'Heaven's Gate: From Hollywood Disaster to Masterpiece', BBC Culture, 4 December 2015.
2 Flyvbjerg and Gardner, *How Big Things Get Done*.
3 Tim Harford, *The Data Detective: Ten Easy Rules to Make Sense of Statistics* (New York, Riverhead, 2021), quoted in the *Financial Times*, 13-14 February 2021.

4 更多關於規劃謬誤與資料來源名單的內容,請見Flyvbjerg and Gardner, *How Big Things Get Done*, p. 210 for more on the planning fallacy and a list of sources.

5 引自the *Financial Times*, 4-5 May 2019.

不同國家看待判斷的差異

1 寫給作者的電子郵件。

2 比較文化框架的著作,包括管理領域作者Meyer, *The Culture Map*; Geert Hofstede, Gert Jan Hofstede and Michael Minkov, *Cultures and Organizations: Software of the Mind*, third edition (New York, McGraw Hill, 2010); Susan Schneider and Jean-Louis Barsoux, *Managing Across Cultures* (Harlow, Financial Times/Prentice Hall, 2002); and Fons Trompenaars and Charles Hampden-Turner, *Managing People Across Cultures* (Chichester, Capstone, 2004).

3 Schneider and Barsoux, *Managing across Cultures*, p. 108.

4 Ray Dalio, *Principles: Life and Work* (New York, Avid Reader Press, 2017).

國家圖書館出版品預行編目（CIP）資料

高效判斷的框架：打破慣性、跳脫本能反應、辨別雜訊、審視情緒與信念，選擇不猶豫、決策不憂懼 / 安德魯．黎可曼（Andrew Likierman）著，張芷盈譯. -- 第一版. -- 臺北市：天下雜誌股份有限公司, 2025.07
304 面 ; 14.8×21 公分. --（天下財經 ; 583）
譯自：Judgement at work : making better choices
ISBN 978-626-7713-21-1（平裝）

1. CST: 決策管理　2.CST: 思維方法　3.CST: 職場成功法
494.1　　　　　　　　　　　　　　　114007527

天下財經 583

高效判斷的框架
打破慣性、跳脫本能反應、辨別雜訊、審視情緒與信念，選擇不猶豫、決策不憂懼
JUDGEMENT AT WORK: Making Better Choices

作　　　者／安德魯・黎可曼（Andrew Likierman）
譯　　　者／張芷盈
封面設計／FE設計
內頁排版／林婕瀅
責任編輯／吳瑞淑

天下雜誌創辦人暨董事長／殷允芃
出版部總編輯／吳韻儀
出　版　者／天下雜誌股份有限公司
地　　　址／台北市104南京東路二段139號11樓
讀者服務／（02）2662-0332　傳真／（02）2662-6048
天下雜誌GROUP網址／ http://www.cw.com.tw
劃撥帳號／01895001天下雜誌股份有限公司
法律顧問／台英國際商務法律事務所・羅明通律師
製版印刷／中原造像股份有限公司
總　經　銷／大和圖書有限公司　電話／（02）8990-2588
出版日期／2025年8月5日第一版第一次印行
定　　　價／460元

Copyright © Andrew Likierman, 2025
This edition arranged with Profile Books Limited through Andrew Nurnberg
Associates International Limited.
Complex Chinese Translation copyright © 2025 by CommonWealth Magazine Co., Ltd.
All rights reserved.

書號：BCCF0583P
ISBN：978-626-7713-21-1（平裝）

直營門市書香花園　地址／台北市建國北路二段6巷11號　電話／02-2506-1635
天下網路書店 shop.cwbook.com.tw　電話／02-2662-0332　傳真／02-2662-6048

本書如有缺頁、破損、裝訂錯誤，請寄回本公司調換